高等院校艺术学门类"十四五"系列教材

农业交互设计

徐旸 ◎ 著

华中科技大学出版社
http://press.hust.edu.cn
中国·武汉

内容简介

本书以农业作为交互设计的研究对象,以案例的形式,通过对农业类APP的设计实践,为读者介绍农业交互设计的创新设计方法。本书分为八个章节,为读者系统介绍交互设计的学科发展历史、基础理论、设计方法、设计创新、设计流程、现代农业、互联网产业、移动互联网产品等知识。通过阅读本书,读者可以了解交互设计相关理论、交互设计的创新方法和设计流程。

本书可以为全国农林高校设计学专业的学生学习"交互设计""界面设计""网页设计""新媒体设计"等课程提供参考。此外,本书包含移动互联网产品设计、交互设计理论、设计创新方法、用户体验设计、用户研究等内容。同时,本书可以为数字媒体艺术、视觉传达设计、艺术与科技等专业的学生学习相关课程提供帮助。

图书在版编目(CIP)数据

农业交互设计 / 徐旸著. -- 武汉:华中科技大学出版社,2025.2. -- ISBN 978-7-5772-1623-2

Ⅰ.S126

中国国家版本馆CIP数据核字第2025GG3482号

农业交互设计 徐旸 著
Nongye Jiaohu Sheji

策划编辑:彭中军
责任编辑:刘　静
封面设计:孢　子
责任监印:朱　玢

出版发行:华中科技大学出版社(中国·武汉)　　电话:(027)81321913
　　　　　武汉市东湖新技术开发区华工科技园　　邮编:430223

录　　排:武汉创易图文工作室
印　　刷:武汉科源印刷设计有限公司
开　　本:889 mm×1194 mm　1/16
印　　张:7.25
字　　数:211千字
版　　次:2025年2月第1版第1次印刷
定　　价:59.00元

本书若有印装质量问题,请向出版社营销中心调换
全国免费服务热线:400-6679-118　竭诚为您服务
版权所有　侵权必究

作者简介 Introduction

徐旸

现工作于华中农业大学文法学院艺术设计系,从事数字媒体艺术教学,主要研究方向为艺术创新与现代性、设计创新机制。主持校级科研项目2项,参与省部级项目1项。发表论文20余篇,主持和参与校级教改项目10余项。已出版个人画册《忙忙碌碌的狮子山》。

前言 Preface

我国是农业大国，农业是国民经济的基础。农业发展不仅关系到国计民生，还关系到国家的长治久安，加快农业的高质量发展是实现强国富民的基础。当前，我国正处在农业大国向农业强国迈进的关键时期，数字技术、信息技术、人工智能技术、5S技术、区块链技术等，开始融入农业的全要素环节。数字农业、智慧农业、精准农业、生态农业在现代农业中发挥着越来越重要的作用。让设计创新成为农业高质量发展的新质生产力，是设计学一个重要的研究课题。

当下，跨领域、跨学科的交叉和融合，已经成为学科研究和学科发展的新常态。设计学和农学的交叉融合，交互设计和农业场景的交流汇聚，既可以为交互设计提供新的研究对象，又可以为农业的发展带来创新的机会。在此背景下，农业交互设计作为设计学的一个新的研究方向，其意义不言而喻。

2017年，我在清华大学美术学院访学，导师吴冠英给我安排了交互与动画的研究课题。正是对这个课题的研究，开启了我在交互设计方向上的研究和教学工作。2020年，我在系部开始讲授"UI界面与交互设计"课程。经过3年多的教学实践，我逐渐把交互设计的教学重点聚焦于农业场景，尝试探索设计创新赋能农业发展的方法和路径，并带领学生完成了一批农业类APP的设计方案。在此过程中，我总结了农业交互设计的创新方法，并逐渐形成了一些思考。2023年，我按照系部的统一安排，把"UI界面与交互设计"课程调整成为"农业交互设计"和"UI设计"两门课程，我成为"农业交互设计"课程的主讲教师。至此，我开始了对农业交互设计更为系统的教学和研究工作。

本书是我对2020年以来课程讲义的概括，经过近5年的修改和完善，逐渐成形。其中，设计案例多是学生的课程作品，其中不乏学生们对农业设计的奇思妙想，并反映出他们对农业的一份诚挚热爱之情。我希望通过本书把这种对于农业的诚挚之爱传递给更多的读者。写到此处，我不由想起湖北农务学堂的创始人张之洞所言："凡民俊秀皆入学，天下大利必归农。"

感谢华中农业大学文法学院领导对于本书出版的大力支持，感谢系部领导和同事给予本人教学工作的大力帮助，特别感谢参与课程学习的学生们，正是与他们的共同探索，为本书提供了宝贵的素材。

限于本人教学经验与学术水平，书中难免存在错漏之处，请同行专家们予以斧正。

徐旸
2024年10月

目录 Contents

第1章 交互概述 / 1
1.1 交互与交互设计 / 2
1.2 交互设计的流程 / 3
1.3 交互设计师职责 / 12
1.4 农业与交互设计 / 12
1.5 互联网产品概述 / 14

第2章 项目筹划 / 21
2.1 寻找项目的选题 / 22
2.2 发现与解决问题 / 22
2.3 制定任务的计划 / 26
2.4 交互设计的方法 / 26
2.5 交互设计的理论 / 27
2.6 数字农业的内涵 / 29
2.7 数字农业的场景 / 29

第3章 设计创新 / 33
3.1 创新概述 / 34
3.2 始于好奇 / 34
3.3 创新来源 / 34
3.4 创新要素 / 37

第4章 用户体验 / 45
4.1 用户体验定义 / 46
4.2 用户体验理论 / 47
4.3 用户体验内涵 / 48
4.4 用户体验案例 / 49
4.5 用户体验地图 / 51

第5章 用户研究 / 55
5.1 用户研究 / 56

5.2　用户画像　　　　　　　　　　　　　／ 60
　　5.3　用户场景　　　　　　　　　　　　　／ 64
　　5.4　产品分析　　　　　　　　　　　　　／ 69

第 6 章　产品设计　　　　　　　　　　　　／ 71
　　6.1　流程设计　　　　　　　　　　　　　／ 72
　　6.2　信息架构　　　　　　　　　　　　　／ 79
　　6.3　原型设计　　　　　　　　　　　　　／ 87

第 7 章　产品迭代　　　　　　　　　　　　／ 93
　　7.1　产品迭代的定义　　　　　　　　　　／ 94
　　7.2　迭代设计的内涵　　　　　　　　　　／ 94
　　7.3　精益理论的内涵　　　　　　　　　　／ 94

第 8 章　案例展示　　　　　　　　　　　　／ 99
　　8.1　宠爱有家 APP 设计　　　　　　　　 ／ 100
　　8.2　归田 APP 设计　　　　　　　　　　 ／ 102

参考文献　　　　　　　　　　　　　　　　／ 109

第 1 章 交互概述

1.1 交互与交互设计
1.2 交互设计的流程
1.3 交互设计师职责
1.4 农业与交互设计
1.5 互联网产品概述

1.1 交互与交互设计

1.1.1 交互设计的定义

交互,又称为互动。从学术上溯源,它是社会学的一个重要概念。它指人与人之间、人与群体之间、群体与群体之间的相互作用,包括行为互动、感官互动、情绪互动、思想互动等。互动性是人类的一项重要社会属性。

在设计学中,"交互"一词主要指人机之间的相互作用。它分为输入和输出两个部分。输入是指对信息、指令、动作的输入。输出是指机器反馈出的信息、功能、动作。交互有两种作用机制:其一,机器作为媒介实现人与人相互作用的机制;其二,人与机器的相互作用机制。前一种机制,实现的是交互的媒介功能;后一种机制,实现的是交互的智慧功能。

1984 年,比尔·莫格里奇(Bill Moggridge)在设计会议上首次提出"交互设计"一词。比尔·莫格里奇既是第一台笔记本电脑"GRiD Compass"的设计者,也是世界知名设计公司 IDEO 的创始人之一。起初比尔·莫格里奇给"交互设计"命名为"软面"(soft face),由于这个名字容易让人想起当时流行的玩具"椰菜娃娃"(cabbage patch doll),后来把它更名为"interaction design"(即交互设计)。[1] 比尔·莫格里奇认为交互设计是对产品的使用方式、互动形式、动画效果、音效进行的富有想象力的设计,它让产品变得更好用、更能取悦人并更富有吸引力。

20 世纪 40 年代到 60 年代是计算机技术和信息通信技术的探索时期。此类技术主要应用于科研和军事领域,研发人员的主要目的是解决计算机的算力问题,他们对计算机的易用性考虑较少,客户必须学习复杂的计算机语言才能操控计算机,计算机的交互性较差。

从 20 世纪 70 年代开始,计算机技术高速发展,特别是 1972—1973 年施乐公司帕罗奥多研究中心(Palo Alto Research Center,2002 年 1 月 4 日起成为独立子公司)推出 Xerox Alto 电脑。这是首台采用图形用户界面(GUI)的个人计算机。

在此启发下,1983 年,苹果电脑公司(2007 年 1 月 9 日改名为苹果公司)推出了商用电脑 Apple Lisa。Apple Lisa 同时使用图形用户界面和鼠标输入技术,极大地提高了电脑的交互性能。令人叹息的是,这款具有革命性的技术产品,因售价太高,结果销售业绩惨淡,最终没有获得市场的青睐。虽然 Apple Lisa 没有获得商业上的成功,但它对 Classic Mac OS 和 Microsoft Windows 1.0 的设计产生了深远影响。它带动交互设计作为一种产业活动的兴起,使人们逐渐认识到交互设计在构建友好型的人机系统中可以发挥重要作用。

辛向阳教授从设计行为学的视角提出"交互设计五要素"理论。他认为交互设计是对人类行为的设计。他在《交互设计:从物理逻辑到行为逻辑》一文中指出:人、动作、工具或媒介、目的和场景是交互设计的五要素。[2] 辛向阳教授认为,交互设计是在特定场景之中,设计师通过设计工具和媒介,合理地组织人及其行为,从而实现用户目标、提升用户的体验感的活动。辛向阳教授对交互设计的定义,既指明了交互设计的对象,又指出了交互设计的内容。

综上所述,交互设计是基于现有技术,通过设计产品的使用流程和功能架构,优化人机系统的输入和输

---

[1] 韦艳丽. 交互设计 [M]. 北京:电子工业出版社,2021:2.
[2] 辛向阳. 交互设计:从物理逻辑到行为逻辑 [J]. 装饰,2015(1):58-62.

出功能,从而较好地实现人与人、人与物的连接,合理地满足人的需求的设计类型。

1.1.2　交互设计的对象

关于交互设计的对象,从广义的角度来看,一切涉及人机交互系统的事物,都可以纳入交互设计的对象之中,包括互联网数字产品、个人电子消费产品、智能产品、新媒体产品、虚拟仿真产品、增强现实产品等;从狭义的角度来看,交互设计的对象是互联网数字产品。在本书中,互联网数字产品简称为产品。本书主要探讨的交互设计对象是移动端产品。

1.1.3　交互设计的发展

交互设计的本质就是赋予机器以生命的智慧,也就是说让机器可以像人一样,具有互动、运动、思考和创造的能力。从人机交互的历史来看,交互设计的发展可以分为程序交互、图形交互、触控交互、语音交互、智能交互五个时代。程序交互时代是指人们使用键盘,通过程序语言输入指令,与电脑进行交互的时代。图形交互时代是指人们借助鼠标和键盘,通过可视化的图形界面操作系统,与电脑进行交互的时代。在这个时代,由于采用了鼠标的滚轮式交互方式,人机交互的效率大大提高。设计学视野中的交互设计兴起于图形交互时代。在触控交互时代,人们可以使用触控屏、红外、激光、声波等传感技术与电脑进行交互。在语音交互时代,人们可以通过语音与电脑进行交互,借助语音指令对电脑设备进行控制。在智能交互时代,电脑具有与人进行智能交互的能力,人们借助大模型、大数据、智能传感器、超级算力中心,让电脑具有人的意识,电脑可以与人自然交流,为人提供服务。在智能交互时代,交互设计的最终目的是,设计出具有人类创造能力的人工智能体。

1.2　交互设计的流程

1.2.1　产品开发基本流程

通常产品设计的流程包含产品概念化、产品工程化、产品商业化、产品体验化四个阶段。产品概念化阶段是指产品前期调研、需求定义、功能定义、产品设计阶段。产品工程化阶段是指把产品概念化阶段的交互设计和界面设计转化为可制造、可测试、可交付的实体产品的工程实施阶段。产品工程化阶段主要考虑技术的可行性、稳定性、安全性、标准性,以及工程成本的可控性。产品商业化阶段是指产品产生商业价值、为企业带来利润的阶段。在产品商业化阶段,市场人员要重视产品的转化率、用户数量、用户活跃度等指标。在这一阶段,市场人员选择合理的商业模式和盈利模式至关重要。产品体验化阶段是指产品完成商业化阶段的市场考验后,设计师持续地迭代产品功能,从而提高用户使用产品的体验感的阶段。这一阶段也是交互设计发挥主要作用的阶段。

产品的开发有三种模式,它们分别为瀑布式开发模式、迭代式开发模式、敏捷式开发模式。

1. 瀑布式开发模式

瀑布式开发模式是一种传统的开发模式。它采用层级式的任务节点的管理模式,上一层级的任务完成后,再完成下一层级的任务。整个任务流程需要经过前期的周密计划。瀑布式开发模式是一种长周期的产品研发模式,它的目标主要是满足社会或组织的重大、长远、战略需求,它并不以满足用户即时需求或市场的短期需求为目标。比如开发电脑操作系统,它需要长时间、大体量的研发投入,需要有高度周密的前期计划、长期的基础研究和大量的技术积累,以及充足的资金支持。微软公司推出的 Windows 系统,研发费用高昂,倾注数千名软件工程师的心血,研发周期长达 40 年之久,普通企业很难开发出这种产品。

在瀑布式开发模式下,完整的开发过程一般分为需求分析、交互设计、界面设计、代码设计、发布迭代五个步骤。

在需求分析阶段,主要工作包括需求分析、市场分析、产品定义。开发人员通过市场调研,分析市场动向,分析竞品特点,从而挖掘用户需求,定义产品功能,梳理出产品的基本功能和业务流程。产出物包括分析报告、用户画像图、用户场景故事板、用户体验地图等。

在交互设计阶段,交互设计师负责设计产品流程、信息架构和产品原型。产出物为交互需求文档和高保真动态模型。交互需求文档包括任务流程图、页面流程图、低保真模型图、高保真模型图等。

在界面设计阶段,视觉设计师负责对交互界面进行视觉设计,工作内容包括版式设计、字体设计、图标设计、动效设计、标志设计等。产出物包括页面规范图、标志、IP 图、动效图等。

在代码设计阶段,软件工程师根据交互需求文档,通过编程语言,针对不同平台,开发对应的应用程序。

在发布迭代阶段,用户体验设计师负责组织用户,对产品进行测试。针对测试反馈,交互设计师对产品提出优化方案,软件工程师对程序进行迭代,然后发布产品。产品发布后,开发人员针对用户在使用产品的过程中出现的具体问题改进产品,并持续迭代产品,更新产品版本。

2. 迭代式开发模式

迭代式开发模式是一种基于精益生产理论的产品开发模式。它强调产品快速地投入市场,在激烈的市场竞争中,不断满足用户需求。因此,开发人员要采用"小步快跑、迅速迭代"的方法,不断更新产品的功能。

3. 敏捷式开发模式

敏捷式开发模式在本质上属于迭代式开发模式中的一种类型。敏捷式开发模式采用轻体量、混合型的组织管理形态,从各个部门抽调人员,组成小型团队。团队成员包括交互设计师、视觉设计师、用户体验设计师、软件工程师。他们会针对具体问题,直接对程序进行改进,以此缩短研发和版本迭代的周期。

在敏捷式开发模式下,交互设计师需要采用敏捷设计的方法,即敏锐地发现问题、快捷地改进问题、不停地迭代产品,以适应用户需求。交互设计师会把完整开发过程分为若干环节。首先,交互设计师从局部入手,通过对局部的短周期、多频次迭代,获得用户反馈,得到设计经验,形成局部的设计优势;接着,交互设计师以局部优势实现重点突破,以点带面,完善产品的其他要素;最后,交互设计师通过对产品的循环迭代,把产品推向市场。

1.2.2 交互设计基本流程

交互设计的流程一般包括需求分析、产品定义、流程设计、信息架构、原型设计、迭代设计。交互设计的产出物包括用户画像图、用户体验地图、用户场景故事板、任务流程图、产品信息结构图、页面流程图、高保真原型、高保真原型演示视频、交互需求文档。

● **案例:小春芽 APP 设计**

学生:杜冬雪、周诗曼、陈佳怡、马冠瑛。

小春芽是一款面向年轻一代,服务于家庭园艺种植爱好者的园艺养护 APP,同时是一款功能丰富的园艺种植学习 APP。这款 APP 支持生成个性化的种植日历、定时提醒、浇水、施肥、杀虫、修剪、翻盆等功能,可每日打卡生成植物成长记录,提供多渠道病虫害问诊服务,并且汇集了丰富的园艺种植相关知识,构建了园艺爱好者交流社区。该产品旨在为家庭园艺种植爱好者打造一套方便快捷、私人定制的个性化园艺养护和交流平台。

竞品 APP 分析如图 1.1 所示。

竞品 APP	花园管家	御花园养护	多肉成长记
产品功能	记录爱花的成长过程,建立养护档案,养护提醒	提供花草养护知识科普服务,交流社区,花市	记录多肉植物的成长过程
产品定位	记录	社交 + 知识科普	记录
盈利模式	会员去广告	广告植入、绿植电商	广告植入
缺点	产品功能太过单一	社交的功能结构存在短板,无提醒、记录功能	只针对多肉植物,且功能只有提醒和记录,界面无文字引导,难以理解功能所在

图 1.1　竞品 APP 分析

用户体验地图如图 1.2 所示。

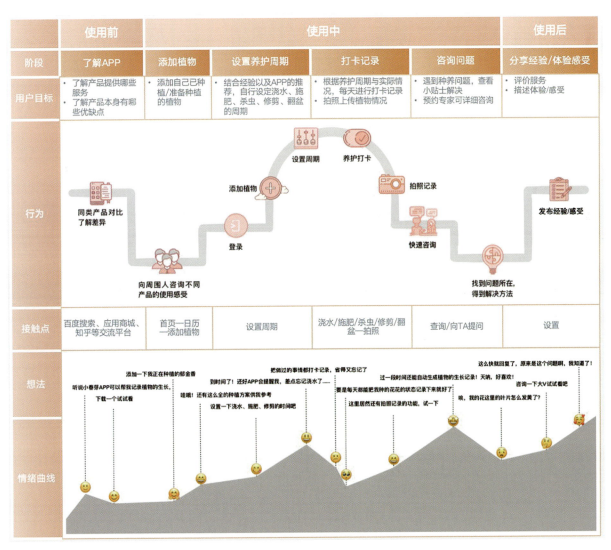

图 1.2　用户体验地图

用户画像如图 1.3 所示。

用户分类：A 级——深度用户		
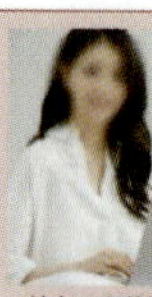	年龄：24 岁	籍贯：湖北武汉
	民族：汉族	政治面貌：共青团员
	职业：普通上班族	
姓名：李佳怡	收入：7000元/月	喜好：种植农作物，分享心得
语录	追肥在雨前,一夜长一拳	
行为描述	作为一名普通工作人员，除了完成日常工作外，在闲暇时间我对园艺作物充满了热爱，在百忙之中也要抽出时间来分享自已的种植心得和经验，但经常忘记自己什么时候给花洗水施肥了，导致一些植物被淹死，并且由于知识储备较少，有时植物经常出现病虫害问题，目前很需要这样一款APP来帮助记录打卡与签到。	
用户目标	打卡记录植物的生长过程，查询在种植中出现的一些病虫害问题	
形象者、影响环境	热爱植物	
使用习惯	解决自家阳台种植问题	

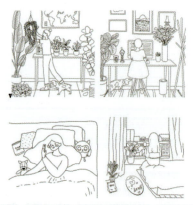

图 1.3　用户画像图

用户场景故事板如图 1.4 所示。

1.我是一个普通的上班族，平常很喜欢种植花花草草，但种植的种类多，时常不记得哪些施了肥，是否浇了水，这令我十分苦恼。

2.于是我经常会在一些平台发帖，向植友们求助，或者是分享自己的种植经验，有一次在评论区有人向我推荐了一款APP，这款APP叫“小春芽”，我上网搜了一下，发现大家对这款APP的评价都还不错，于是我抱着试一试的心态下载了这款APP

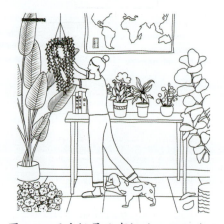

图 1.4　用户场景故事板

用户场景故事板演示视频截图如图 1.6 所示。

图 1.5　用户场景故事板演示视频截图

小春芽 APP 用户场景故事板视频演示

任务流程图如图 1.6 所示。

1. 登录注册页

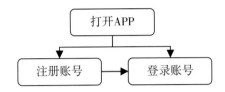

2. 日历页面

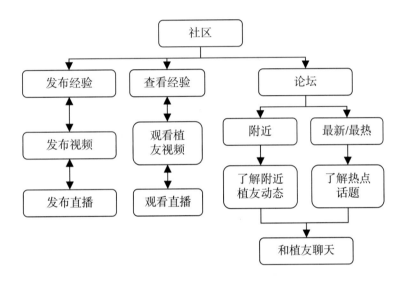

3. 社区页面

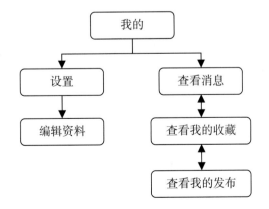

图 1.6　任务流程图

产品信息结构图如图 1.7 所示。

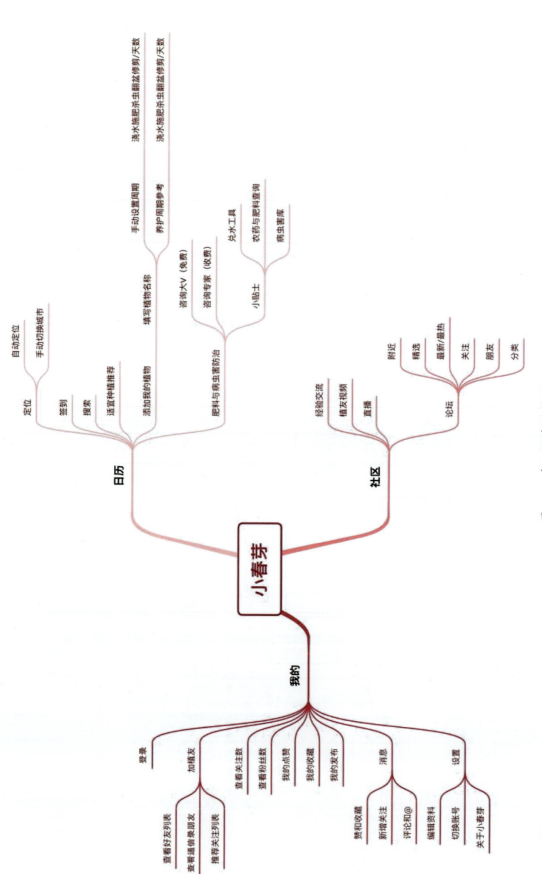

图 1.7 产品信息结构图

低保真页面流程图如图 1.8 所示。

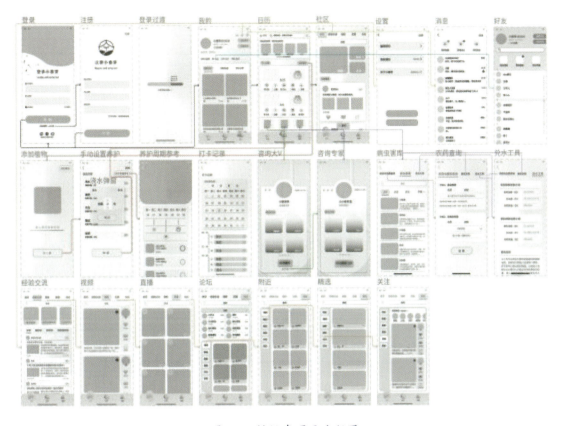

图 1.8　低保真页面流程图

界面设计图如图 1.9 所示。

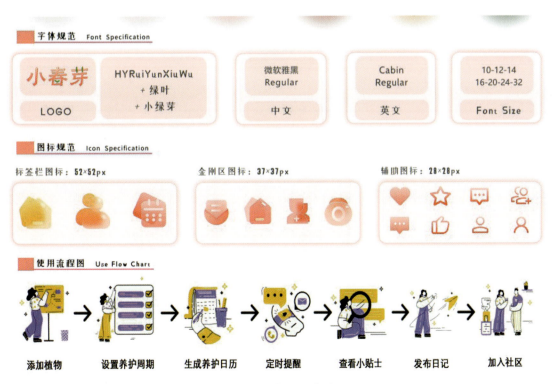

图 1.9　界面设计图

高保真原型图如图 1.10、图 1.11 所示。

图 1.10　高保真原型图（一）

图 1.11　高保真原型图（二）

高保真原型演示视频截图如图 1.12 所示。

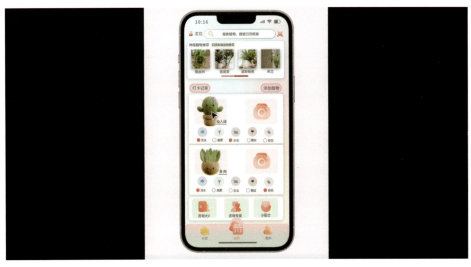

图 1.12　高保真原型演示视频截图

小春芽 APP 高保真原型视频演示

交互需求文档如图 1.13 所示。

一、文档综述

1. 版本历史

修订时间	修订人	修订内容
	杜冬雪小组	撰写文档

2. 输出环境

文档名称	小春芽APP产品交互需求文档
版本	V1.1.1
体验环境	iOS
撰写人	杜冬雪小组

二、产品介绍

产品名称	小春芽
产品类型	植物种养
产品标志	

图 1.13　交互需求文档

1.3 交互设计师职责

交互设计师是负责产品设计和产品迭代工作的核心成员。交互设计师通常承担产品流程设计、信息架构设计、产品原型设计工作。同时,交互设计师要协助产品经理完成需求分析和产品定义的工作,协助视觉设计师完成UI界面设计工作,协助用户体验设计师完成产品的测试工作,协助软件工程师完成应用程序的优化工作。交互设计师在产品开发工作中起到承上启下的重要作用。因此,交互设计师须具有以下能力:第一,理性分析能力,即可以用理性思考分析市场趋势,发现用户需求,定义产品功能;第二,设计思维能力,即可以用设计思维解决具体问题,用设计语言表达设计意图;第三,审美表达能力,即具有良好的人文素养和扎实的美学功底,赋予产品美的形式和情感;第四,沟通协调能力,即拥有与人沟通的能力,可以协调各部门有效地落实和优化设计方案;第五,讲故事的能力,即可以生动、流畅地讲述一个吸引人的产品故事。

1.4 农业与交互设计

1.4.1 农业的内涵

《农业概论》一书对农业的定义是:"农业是人类通过社会生产劳动,利用自然环境提供的条件,促进和控制生物体(包括植物、动物和微生物)的生命活动过程来取得人类社会所需要的产品的生产部门。"[1] 在中国古代,"农业"一词是一个复合词,它意指以农为业的人,即农民;而"农业"作为生产概念起源于近代中国西学东渐时期。农业的英文是agriculture,它出自拉丁文,agri意为土地,culture是栽培、养育的意思,agriculture意为农事、耕作、稼穑。农业为人类生存提供了重要的生活物资,是人类社会运行的基础保障。农业包括农业生产、农业工业、农业商业、农业金融、农业科技、农业教育、农村建设、农业政策、农业管理、乡村文化等。农业涉及的领域广、产业覆盖面大,是关系国计民生的基础产业。

1.4.2 农业交互设计的内涵

农业交互设计以农业为研究对象,主要采用设计学的研究方法。它的研究目标是通过设计创新实现农业的高质量和可持续发展;主要研究内容是探讨交互设计在农业生产、产品销售、电子商务、智慧农业、农业教育、科学研究、农业文化等农业场景中的创新性应用;研究任务是在移动互联网的背景下,利用设计思维和互联网思维,为现代农业的诸多场景提供数字化的创新性解决方案,让交互设计赋能数字农业的高质量发展。

本书将系统介绍交互设计的理论、方法、设计流程和经典案例;介绍设计创新理论和典型案例,介绍华中农业大学文法学院艺术设计系学生设计农业类APP(见图1.14至图1.16)的过程,让读者了解农业类APP交互设计的方法和流程。

---

[1] 官春云.农业概论[M].2版.北京:中国农业出版社,2007:1.

图 1.14　智能阳台农场 APP 设计

学生：夏澜心、焦琨璇、谢文、谢颖欣、程乐

智能阳台农场 APP 高保真原型

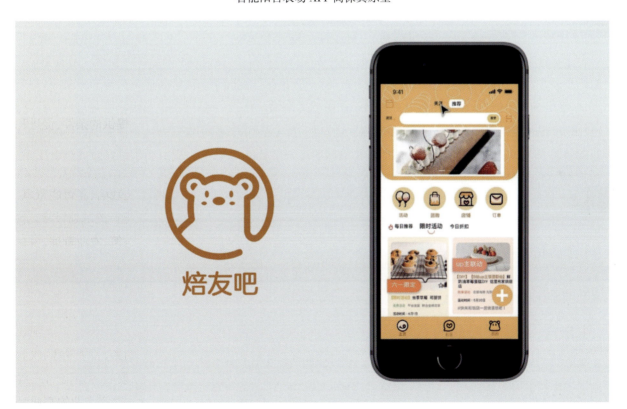

图 1.15　焙友吧 APP 设计

学生：李天、钟珍、陈安琦

焙友吧 APP 高保真原型视频演示

图 1.16 归田 APP 设计

学生：林怡欣、夏雨微、毛诺亚、燕萌

归田 APP 高保真原型视频演示

农业有其自身的特点：其一，农业是对生物进行人工种植和畜养，包括农产品的生产、存储、流通、消费环节；其二，农业有区域性的特点，不同区域的地理、气候、水土条件形成了不同的农业生产方式和不同的农产品品类；其三，农业具有生产周期长、投入成本大、面临风险多的特点。综上所述，针对农业类 APP 设计，交互设计师要采用有别于工业、商业的设计思维方式，结合农业的自身特点，展开有针对性的设计。随着现代农业高质量发展，大数据、大模型、物联网、人工智能等技术纷纷进入现代农业领域，市场对农业数字化产品即农业类 APP 的需求将会越来越多。

1.5 互联网产品概述

1.5.1 互联网产品的基本定义

互联网产品是指基于互联网技术，以软件、硬件或服务的形式提供给用户使用的数字产品。通常互联网产品包括网站、网页、软件、网络游戏、APP 应用程序、物联网应用、智能设备等。移动互联网产品一般指应用于智能手机、平板电脑、智能手表等移动终端的应用程序。

1.5.2 互联网产品的三种分类

1.5.2.1 按对象分类

互联网产品按对象可以分为 C 端产品、B 端产品、G 端产品。

1. C 端产品

C 端产品是面向用户的产品。面向用户，英文为 to customer，简写成 to C 或 2C。C 端产品是在特定场景下,通过为用户提供服务,满足用户需求,为用户创造价值,实现用户增长,从而产生经济效益的产品类型。C端产品的对象通常被称为用户。C端产品高度重视用户体验,产品迭代以满足用户需求和解决用户痛点为导向,用户体验是交互设计的核心追求。C端产品的应用场景比较多元,涉及用户吃、穿、住、用、行的各个方面。常见的C端产品有抖音、快手、微信、淘宝、百度等。

2. B端产品

B端产品是面向企业的产品。面向企业,英文为to business,简写成to B或2B。B端产品旨在为企业的办公、生产、经营、安全提供系统的数字化解决方案和数字化服务。B端产品的对象通常被称为客户。B端产品以效率为核心追求,帮助企业优化业务流程,提高管理效率,降低经营成本,在企业的经营中占据着重要作用。B端产品的应用场景主要是企业的业务场景,如业务流程管理、人力资源管理、客户关系管理、供应链管理、办公自动化、企业级通信、企业安全管理、资源规划、信息门户、电子商务、数据分析、云计算等。B端产品的代表有1688平台、菜鸟网络、千牛、金蝶、钉钉、腾讯会议、华为云等。

3. G端产品

G端产品是面向政府的产品。面向政府,英文为to government,简写成to G或2G。G端产品是B端产品的一种类型。G端产品为政府提供信息、办公、管理、行政、宣传、决策等服务。G端产品通常为政府的门户网站、政务服务平台、公共服务平台、内部办公系统、开放平台等。

1.5.2.2 按平台分类

互联网产品按平台可以分为电脑端产品、移动端产品、其他智能设备端产品。

1. 电脑端产品

电脑端产品是运用于电脑平台的互联网产品,又被称为PC(personal computer)端产品,多运用于固定式的办公、通信、娱乐、游戏等场景。它通常采用键盘、鼠标、数位板作为交互的主要方式,旨在满足用户对操作的效率、精度、复杂度的需求。

2. 移动端产品

1)移动端产品概述

移动端产品主要是指基于智能手机,应用于移动式的办公、消费、学习、娱乐、游戏等场景,旨在充分利用智能手机智能、便携的特点和交互、拍摄、互联、计算的能力,为用户提供在线、高效、多元的服务。相较于电脑端产品,移动端产品用户数量规模巨大,用户活跃度和产品的转化率高。常见的移动端产品有:通信类,如微信、QQ、南山对讲等;社交平台类,如抖音、微博、知乎、小红书等;社交电商类,如拼多多、唯品会、蘑菇街等;手机游戏类,如原神、王者荣耀、穿越火线、开心消消乐等。

2)移动端产品的特征

移动端产品呈现出移动化、智能化、社交化、流量化、去中心化的特征。

①移动化。

所谓的移动化,是指用户可以不受时间、空间限制,随时随地使用智能手机完成任务。移动端产品在呈现出移动化特征的同时呈现出在线性的特征。相较于电脑端产品,移动端产品提供的服务是全程在线式服务。用户可以在任何时间段使用产品及其服务。比如,用户可以在乘坐公交的时候刷视频,也可以在睡觉之前上淘宝购物,还可以在等候飞机的时候预订出行地的餐厅。移动端产品的移动化和在线性特征,体现在产品设计之中,它要求交互设计师充分利用用户碎片化的时间,为用户提供更专业的服务。

②智能化。

智能化是指智能手机集成越来越多的传感器,如光传感器、指纹传感器、面部传感器、重力传感器,能更好地感知外部环境,特别是随着近几年云端大模型和终端大模型的高速发展,手机的智能化程度将越来越高。

③社交化。

社交化是指移动端产品拥有即时通信、信息交流、情景感知、行为互动等社交功能,具有互动性、参与性、传播性的特征。随着短视频社交、直播社交、游戏社交、电商社交的迅速兴起,用户规模空前扩大,它们带来巨大的商业价值,社交化成为移动端产品发展的重要趋势。

④流量化。

流量化是指移动端产品把流量作为衡量产品价值的量化指标,把追求流量和流量变现最大化作为实现产品价值的重要目标。设计师通过优化产品功能、改进交互流程、美化界面设计、提高内容质量、改进营销策略、增加广告投放,来增加用户对产品的使用黏性,提高用户的活跃度,通过提升流量,让产品创造出更多的商业价值。

⑤去中心化。

去中心化是指移动端产品在移动互联网时代,呈现出去除中心化、去除层级化、去除单一化的发展倾向,并呈现出生态化发展的趋势。去中心化既是移动互联网时代的产品发展趋势,也是一种互联网思维。这种去中心化的互联网思维,强调对产品的生态系统构建,其中各个要素都具有自我生长、自我管理、自我连接的能力,各个要素结成网络,形成共生关系,从而形成系统的稳态。例如,微信通过小程序让微信电商搭建电商平台。微信电商可以使用朋友圈、公众号、聊天群建立与用户的关系,而不受平台的控制,从而可以提高经营的效益。微信通过这种去中心化的发展战略,构建了和微信电商良好的共生关系。

3. 其他智能设备端产品

其他智能设备端产品是指运行在平板电脑、智能手表、运动手环、智能车载终端等设备的产品。

1.5.2.3 按用户需求分类

互联网产品按用户需求可以分为电商产品、通信产品、社交产品、门户产品、工具产品和娱乐产品。

1. 电商产品

电商产品是帮助用户和商家完成各种商务交易的产品。它为用户提供信息咨询、产品推荐、在线交易、在线支付、售后保障等服务。淘宝、天猫、京东、拼多多、亚马逊是电商产品的典型代表。

2. 通信产品

通信产品是为用户或客户提供信息传递、即时通信的信息类产品。常见的通信产品有网易邮箱、腾讯邮箱、QQ等。

3. 社交产品

社交产品是基于人群的社交网络,实现人与人的互动和连接,旨在丰富人群社交生活的产品。它通常提供即时通信、交友约会、组织论坛、构建社区等服务。常见的社交产品有微博、微信、豆瓣、知乎等。

4. 门户产品

门户产品是为用户提供综合性服务的平台产品。它包括综合门户、垂直门户、企业门户。综合门户是为用户提供多门类、多领域、多产业的信息聚合和综合服务的门户产品,如新浪、网易、搜狐、腾讯等。垂直门户是深耕某一行业和领域的门户产品,如虎扑、音螺、58同城、汽车之家、贝壳、转转等。企业门户是为企业及其合作伙伴提供服务的产品,它的目的主要是帮助企业提升工作效率,加强企业对数据的科学管理。

5. 工具产品

工具产品主要是为用户提供特定服务,帮助用户解决在特定场景内具体问题的产品。工具产品通常有：办公类产品,如 WPS、钉钉、飞书、印象笔记等；生活助理类产品,如百度地图、高德地图、滴滴出行、墨迹天气、饿了么、支付宝、美团、菜鸟等；专业工具类产品,如 Adobe Photoshop、Adobe Illustrator、AutoCAD、Sketch、Figma 等；安全工具类产品,如金山毒霸、360 杀毒、腾讯手机管家、瑞星安全云等。

6. 娱乐产品

娱乐产品是为用户提供音乐、视频、游戏、直播等精神消费服务的内容产品。娱乐产品强调对高质量内容的生产,通过产品的艺术性、技术性、创新性、趣味性,激发用户的使用情绪,提高用户的活跃度,满足用户的精神需求。具有代表性的娱乐产品有抖音、快手、斗鱼、优酷、爱奇艺、网易云音乐等。

1.5.3　互联网产品的商业模式

商业模式是企业获取价值的系统性方法。互联网产品的商业模式是指在互联网或移动互联网时代,企业通过数字化产品或服务产生价值的方式或路径,包括企业的经营理念、产品服务的形态、提供服务的对象、产生价值的效果、形成价值的成本、获取盈利的模式。商业模式是决定互联网产品发展的底层逻辑。产品常见的商业模式有广告模式、付费模式、免费模式、共享模式、电商模式等。

1.5.3.1　广告模式

广告模式是互联网产品的主要商业模式。互联网公司通过产品获得用户,再通过向用户投放广告获得广告代理费和企业的广告费。广告模式既是产品的商业模式,又是产品的盈利模式。相较于传统媒介广告,如电视广告、广播广告、杂志广告、报纸广告、户外广告等,互联网产品广告可以通过大数据分析用户行为实现精准投放,为企业带来良好的广告收益。随着 5G 时代的到来,中国互联网广告市场发展势头强劲,企业对互联网产品广告投入的资金规模不断扩大。

1.5.3.2　付费模式

付费模式是企业通过收取用户的软件或 APP 的使用费,来获取收入的一种商业模式。付费模式包括下载付费、会员付费、订阅付费、增值付费、知识付费、定制付费、交易佣金等类型。

1.5.3.3　免费模式

免费模式是用户可以免费下载软件或 APP 进行使用的一种商业模式。克里斯·安德森在《免费》一书中指出,在互联网时代,基于海量的用户群体,软件的设计和流通成本分摊到每个用户的成本趋近于零,用户可以免费使用软件和服务。

移动互联网产品 APP 多采用免费模式,用户可以免费使用 APP 的基本功能,但是用户要使用高级功能或增值服务就需要付费。另外,企业还可以通过广告获得盈利。例如,360 杀毒就是最早在 PC 端采用免费模式的一款电脑杀毒软件,360 杀毒为 PC 端用户提供免费杀毒、实时防护、资源优化等服务,从而获得了大量的用户和市场份额。360 杀毒通过广告和增值服务为 360 公司带来丰厚的盈利。免费模式成为移动互联网产品的一种主流商业模式。

1.5.3.4　共享模式

共享模式是通过共享资源、共享产品,为用户提供共享服务的一种商业模式。这种模式充分利用移动互联网技术和物联网技术,用户通过使用智能手机实现对资源的最大化利用,提高产品的使用效率。共享模式的应用场景有共享单车、共享汽车、共享充电宝、共享雨伞、共享图书等。

1.5.3.5 电商模式

电商模式是电子商务模式的简称。产品的电商模式是指通过产品,借助互联网技术,达成企业或个人的商务愿景的一种商业模式。具体来说,电商模式是通过线上或线上和线下相结合的途径,完成采购、交易、支付、物流、售后、广告等商务活动,从而获取收入的一种商业模式。相较于传统的线下商务活动,电子商务具有信息沟通快、流通环节少、渠道多覆盖广、成本结构得到优化、支付灵活便捷的特点。它可以为客户或用户提供更加个性化的服务。常见的电商模式有B2B、B2C、C2C、O2O、社交电商、农业电商等类型。

1. B2B

B2B是"business to business"的缩写,指的是企业与企业通过互联网产品开展电子商务活动的一种模式。B2B既是最早兴起的互联网经济活动,也是发展规模巨大的电子商务类型之一。基于B2B模式的产品多采用电子商务平台的形态,以电脑网页端的形式居多,主要满足办公场景需求。B2B产品服务对象主要是企业级的客户群体。

2. B2C

B2C是"business to consumer"的缩写,指的是企业与用户通过互联网产品开展电子商务活动的一种模式。企业借助互联网产品,使用线上渠道,直接面向用户进行商品的销售。企业绕开代理商、分销商、零售商等渠道,缩减了商品的流通环节,减少了物流、仓储、卖场和人力成本。

在B2C模式下,收入来源有广告费、佣金费、商家入驻费、竞价排名费、增值服务费、金融服务费、支付服务费等。

3. C2C

C2C是"consumer to consumer"的缩写,指的是用户与用户通过互联网开展交易活动的一种模式。个人用户可以方便地在C2C平台上开设店铺,进行线上经营。这种经营方式准入门槛低,便于个人用户创业。2003年,淘宝网正式上线。淘宝网起初以C2C模式进行发展,在中国互联网市场上一路攻城略地。后来,淘宝网的业务逐渐向B2C模式拓展,发展出淘宝商城(后更名为天猫)。时至今日,淘宝网成为中国最大的C2C电子商务平台之一。凭借着淘宝网这款产品,阿里巴巴集团成为中国互联网产业的头部企业之一。

在C2C模式下,收入来源有广告费、佣金费、会员费、竞价排名费、增值服务费、支付服务费等。

4. O2O

O2O是"online to offline"的缩写,指的是线上和线下相结合开展经营活动的一种模式。它的主要业务方式为:商家在线上销售服务,用户在线上选择服务,最终用户在商家的线下门店体验服务。

在O2O模式下,收入来源有广告费、引流费、佣金费、会员费、增值服务费、定制服务费、金融服务费、支付服务费等。

5. 社交电商

社交电商是基于人际社会关系,通过整合移动社交网络和电子商务,从而产生社交裂变,通过数据驱动引导用户消费的一种新型电子商务类型。

社交电商兴起于移动互联网时代。移动互联网是移动通信技术与互联网技术融合的产物,它可以让用户通过移动设备,如智能手机、平板电脑等,利用移动网络随时接入互联网,享受各种在线服务。中国社交电商开始于微信和微博兴起的时代。随着微信朋友圈、微信公众号、微信小程序的发展,以产品代购和微信群分销的微商交易逐渐形成气候。以拼多多拼团模式为例,用户通过微信朋友圈和微信群,向好友发起拼单邀请,以获取更低的产品价格。这种模式把社交和电商进行创新式融合,最终把社交流量转化为电商消费。

6. C2M

C2M 是"customer to manufacturer"的缩写,指的是用户直接与制造商连接的电子商务模式。消费者参与到产品的设计与生产中,制造商根据用户的需求进行定制化生产。C2M 模式去掉了经销、物流、仓储等环节,用户可以得到自己所需且价格优惠的产品;制造商可以更准确地获取市场需求信息,进行精益化生产。

在 C2M 模式下,定制可分为宏观定制和微观定制。宏观定制是指制造商根据细分市场需求,先制造后销售,典型代表有京东京造、聚划算、网易严选。微观定制是指制造商根据单一用户的需求进行定制化生产,经过一定的时间交付给用户,典型代表为必要商城。近年来,小米公司通过采用 C2M 模式,打造"感动人心,价格厚道"的爆品,获得了巨大的商业成功。小米公司首先通过预售系统测试新商品的市场需求;其次通过社区、论坛、社交媒体,建立与用户之间的联系,让用户参与产品的设计和生产决策;接着通过优化供应链结构,完善生产制造体系,确保产品的生产质量和效率,并通过官方网站和电商平台建立销售渠道;最后通过用户反馈,对产品进行快速迭代。随着中国的制造业从"中国制造"向"中国智造"进行转型,C2M 这种强调反向定制、柔性生产、个性制造、高性价比的商业模式将在更多的领域得以应用。

第 2 章 项目筹划

2.1 寻找项目的选题
2.2 发现与解决问题
2.3 制定任务的计划
2.4 交互设计的方法
2.5 交互设计的理论
2.6 数字农业的内涵
2.7 数字农业的场景

项目筹划是对设计项目的整体谋划和统筹,内容包括设计选题、项目分析、发现问题、提出方案、选择方法、组建团队、方案评审。它旨在对产品的交互设计进行总体安排和前期规划。在此阶段,交互设计师应该充分地利用创新思维和设计思维为产品赋能,寻找产品的机会点,挖掘市场的潜力点,激发产品的创新点,最终实现设计创新的目的。

2.1 寻找项目的选题

我国农业产业规模大,涉及领域众多,特别是在我国农业从机械化农业向数字化、智能化农业转型的背景下。这种产业发展趋势,给交互设计学科提供了新的研究内容。农业不仅所涉及的领域众多,而且应用场景复杂。农业所涉及的领域众多表现为农业涉及作物种植、园艺种植、园林种植、水产养殖、家畜养殖、动物防疫、宠物医疗、耕地管理、病害防治、电子商务、农业物流、农业贸易、科学研究、产品研发、农业教育、农业科普、农业文化、乡村治理、农业政策等领域。这些领域还可以进行再细分。例如,作物种植可以分为粮食作物种植、经济作物种植等,粮食作物种植可以分为水稻种植、小麦种植、玉米种植等,水稻种植可以分为水稻育种、水稻的病害防治、水稻的田间管理、水稻的特色种植等,水稻的特色种植可以分为再生稻种植、虾稻共生种植、鸭稻共生种植、鱼稻共生种植等。

农业产业有众多的领域,设计者在进行设计选题时,可以从中选择一个自己感兴趣的领域,并选定选题做调查研究。

2.2 发现与解决问题

设计者选择好设计主题后,就要通过调查研究发现其中存在的问题,然后运用设计思维,利用数字化技术解决问题。

华中农业大学文法学院艺术设计系的学生在进行"农业交互设计"课程的学习中,发现了很多农业领域存在的问题。他们运用设计思维设计 APP 方案,试图帮助用户解决相应的问题。

有学生发现,在大型农机设备的租赁市场存在这样的问题:在农忙时,租赁信息反馈滞后,使得有些农户不能及时租到大型农机设备,这会影响这些农户的翻地、耕地、种植、收割等农活;部分租赁设备的商家没有掌握农户的需求信息,导致设备的租赁效率不高,设备有大量的空置期,这些商家希望能提前获得用户需求信息,并对设备出租提前做好规划。于是,这些学生设计了一款大型农机设备租赁 APP——轰轰租赁(见图 2.1)。这款 APP 通过建立信息发布和信息接收机制,帮助商家和用户解决大型农机设备出租和租用的信息连接问题。

有学生发现,在一些山区,农民生产的农产品销路不是太好,并且这些农民既拿不出钱对农产品进行线上宣传,也不愿意花太多的钱在农产品的包装设计上。由于农民出钱少,因此设计师往往也不愿意去给他们拍视频和做设计。这些学生想到了做一款拼团类 APP——金元宝(见图 2.2),利用线上社交模式,让有需求的农民采用拼团的方式,组团请设计师给他们的农产品做设计。采用这种方法,有效解决了需求与供给的矛盾。

图 2.1　轰轰租赁 APP 设计

学生:黄德宇、庄晨、高浩天

图 2.2　金元宝 APP 设计

学生:徐颖莹、王诗怡、汪旭、邓智

有学生发现,在城市中,部分宠物喂养者由于毕业、搬家、出差等原因,会出现寄养宠物难的问题。于是,他们设计了宠爱有家 APP(见图 2.3)。这款 APP 集宠物家庭寄养、流浪动物救助和宠主社区功能于一体,通过"互联网 + 宠物寄领养"新模式,解决宠物喂养者寄养宠物的需求问题。

有学生发现,在城市中,一些年轻人有在自家的阳台上种菜的需求。不过,这些年轻人由于工作忙,因而没有时间和精力去打理它们。于是，这些学生设计了智能阳台农场 APP（见图 2.4）。用户可以利用该款 APP 和智能种植设备，通过实施数据监控与设备调控，实现对蔬菜种植的无人化管理。

图 2.3　宠爱有家 APP 设计

学生：刘海琳、石一鑫、游佳怡、刘思宇

宠爱有家 APP 高保真原型视频演示

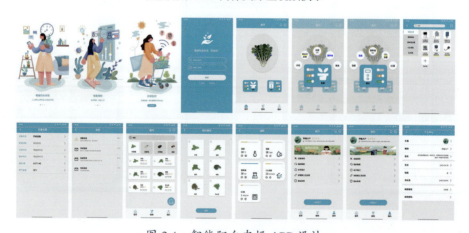

图 2.4　智能阳台农场 APP 设计

学生：夏澜心、焦琨璇、谢文、谢颖欣、程乐

有学生发现，目前农业体验式旅游火爆，但是这种旅游受季节影响较大，部分活动如采摘、种植等受季节限制，导致游客量波动较大。这些学生想到了设计一款以活动预约为主要功能的 APP——FARMWORK（见图 2.5）。该款 APP 可以提供多人拼单、任务盲盒、云养殖、社区交流等服务，通过在项目中加入"盲盒""云养殖"等新模式，可以实现项目盈利和推广农业文化的目的。

图 2.5 FARMWORK APP 设计

学生：张芷雯、凡子翔、伍思梦

FARMWORK APP 高保真原型视频演示

有学生发现,近年来,内地的湖泊经常发生水华灾害。水华灾害直接影响饮用水源和水产品安全。这些学生想通过整合水上无人机检测技术和移动智能管理技术,设计一款针对水华检测和治理的 APP——捷测（见图 2.6）。

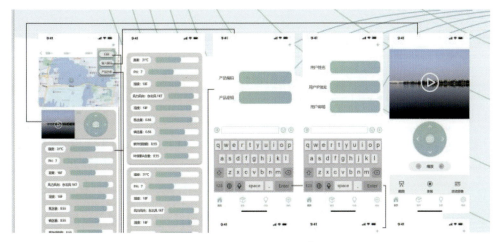

图 2.6 捷测 APP 设计

学生：孙仪、李伟辰、谢杨城

捷测 APP 高保真原型视频演示

2.3 制定任务的计划

当选题确定之后,设计者需要制定任务计划。制定任务计划内容包括确定小组成员、计划项目的实施节点、预计项目达到的效果,以及选择项目开发模式。

1. 确定小组成员

小组成员通常为三人,一人负责产品经理的工作,一人负责交互设计师的工作,一人负责视觉设计师的工作。

2. 计划项目的实施节点

计划项目的实施节点是指计划在产品的设计周期内,每个时间点需要完成什么工作。例如,以八周为产品的设计周期,第一周完成产品的需求定义,第二周完成产品的流程和信息架构设计,第三周完成产品的原型设计,第四周完成产品的测试,第五周完成产品第一次迭代,第六周完成产品的第二次迭代,第七周完成产品的第三次迭代,第八周完成产品需求文档的撰写和项目总结。

3. 选择项目开发模式

选择项目开发模式是指针对产品特点确定采用的开发模式,如采用瀑布式开发模式,或者采用迭代式开发模式,或者采用敏捷式开发模式。根据所采用的开发模式,选择设计方法,如采用以用户为中心的设计方法,或者采用以活动为中心的设计方法,或者采用以系统为中心的设计方法。

根据产品的功能和用户的特征,设计师选择相应的设计理论作为产品设计的理论指导,如选用用户体验5S理论、SAE交互设计三原则理论、情感化理论、米勒定律等。

2.4 交互设计的方法

2.4.1 最小可行产品设计法

最小可行产品(minimum viable product,MVP)设计法是目前业界流行的一种对互联网数字产品进行开发的方法。这种设计方法源自精益创业的核心概念,倡导在产品开发过程中,采用快速设计产品、最快验证产品、持续迭代产品的原则,通过小步快跑、快速迭代的方式设计出简单、实用、易用的产品。

2.4.2 以用户为中心的设计方法

以用户为中心的设计(user-centered design,UCD)方法是一种以满足用户需求为设计目标,以挖掘用户价值为设计核心,以创造良好的用户体验(user experience,UE)为原则的交互设计方法。

以用户为中心的设计方法源自20世纪80年代末期。在20世纪80年代末期,唐纳德·诺曼(Donald A. Norman)和史蒂芬·德拉泊(Stephen W. Draper)提出了以用户为中心的系统设计(user-centered system design)理论,其核心在于将用户的参与和反馈转换为输入进行产品迭代,以获得更满足用户需求、更符合用户期待的产品。[1]

---

[1] 吴琼. 用户体验设计之辨[J]. 装饰,2018(10):30-33.

以用户为中心的设计方法,强调设计师的关注点要从产品的性能转向用户体验。具体而言,它依赖于用户数据和用户画像来指导设计决策,有效防止了设计师将个人喜好和生活经验过多地带入用户需求与目标的分析过程,确保设计师能更精准地理解和满足用户的真实需求。

丹·塞弗在《交互设计指南》一书中指出:对于那些会被数百万人使用的产品,用户分段太多,可能使得以用户为中心的设计方法变得不那么实际;虽然以用户为中心的设计方法很有价值,但它也只是设计方法之一。[1]以用户为中心的设计方法,核心在于满足用户的需求。值得注意的是,若单一地强调用户短期需求,可能会限制产品设计的视野,导致设计目标缺乏前瞻性和战略深度。因此,设计师在践行这一设计理念时,应当综合考察用户的现实需求与行业未来发展趋势,确保产品设计既能满足用户现实需求,又能兼顾产品的长远发展与企业的战略规划。

2.4.3 以活动为中心的设计方法

以活动为中心的设计(activity-centered design,ACD)方法不关注用户目标和偏好,而主要针对围绕特定任务的行为……即为完成某一意图的一系列决策和动作。[2]此种设计方法以活动为核心展开设计,特别强调任务的安排、动作的执行以及目标的实现。以活动为中心的设计方法不仅适用于多样化用户群体,而且还适用于解决复杂设计问题的场景。

2.4.4 以系统为中心的设计方法

以系统为中心的设计(system-centered design,SCD)方法是一种以系统建构为主导原则的设计方法。它不以满足用户需求为导向,强调系统的整体运行效率,追求系统的结构性、稳定性、效率性、成本性。这种设计方法广泛应用于大型设备管理系统、企业生产销售管理系统、公共设施管理系统,以及公共服务信息管理系统的开发与设计之中。

2.5 交互设计的理论

2.5.1 菲茨定律

1954 年,心理学家保罗·菲茨(Paul Fitts)提出了菲茨定律(Fitts' law)。菲茨定律简明地描述了从起始位置移动到最终目标所需的时间由两个参数来决定:到目标的距离和目标的大小。[3]

菲茨定律构建了在智能手机的触发过程中操作手指指向行为的模型。在界面中,图形目标越大,操作手指指向它的速度越快;图形目标越小,操作手指指向它的速度就越慢。同理,图形目标距离操作手指越近,操作手指指向它的速度就越快;图形目标距离操作手指越远,操作手指指向它的速度就越慢。由此,在进行界面设计时,交互设计师需要把核心功能的按钮设计得较大,并使它离操作手指近;需要把次要功能的按钮设计得较小,并使它离操作手指远。对于功能类型相近的按钮,交互设计师要把它们放置得距离近;对于功能

---

[1] 丹·塞弗.交互设计指南(原书第 2 版)[M].陈军亮,陈媛嫄,李敏,等译.北京:机械工业出版社,2010:30.
[2] 丹·塞弗.交互设计指南(原书第 2 版)[M].陈军亮,陈媛嫄,李敏,等译.北京:机械工业出版社,2010:30.
[3] 丹·塞弗.交互设计指南(原书第 2 版)[M].陈军亮,陈媛嫄,李敏,等译.北京:机械工业出版社,2010:117.118.

类型不同的按钮,交互设计师要把它们放置得距离远,以易于操作。

2.5.2 希克定律

希克定律(Hick's law)认为,用户不是一个一个地考虑一组备选项,而是把它们细分成类,决策的每一步排除大约一半的剩余选项。[1]选项越多,用户决策时间越长;选项越少,用户决策时间越短。

在设计界面时,交互设计师需要合理地设计页面的信息总量和操作的步骤,以降低用户的认知负荷。设计复杂的界面会提高用户的认知负载,设计简化的界面会降低用户的认知负载,但是过于简化的界面也会增加用户的认知负载。例如,一组导航按钮都采用图标,而没有配以文字提示,用户对图标的理解不一致会造成对使用功能的歧义,使得用户操作变得困难,这无疑增加了用户的认知负载。这就需要在图标上标注文字信息,以帮助用户更好地识别图标,提高图标的易用性,降低用户的认知负载。

2.5.3 米勒定律

米勒定律(Miller's law)起源于认知心理学家乔治·米勒(George Miller)在1956年发表的一篇题为《神奇数字7,加/减2:我们的信息处理能力的一些限制》的论文。米勒认为,对信息进行组块的划分,有助于提升人们对信息的短期记忆。对于一个单元的信息,通常人们的有效记忆数量在5以内。例如,一个电话号码,把它分为3个单元,每个单元里的数字不超过5个,人们就可比较容易地记住它。再例如,一段特别长的文本,人们读它很费劲,可以通过排版、重新分段、添加标题,将文本分成若干组块,使文本层次清晰、结构明确,这就易于用户浏览和阅读。

以购物APP为例,用组块的方式对信息进行组合,单元组块内包含商品的名称、价格、规格、图片、评价等信息。这种组织信息的方式,便于用户在大量的信息中寻找到自己感兴趣的信息。所以,组块化信息在界面设计中有着重要作用。

2.5.4 SAE交互设计三原则

SAE交互设计三原则(见图2.7)是指设计师在交互设计中,应该追求产品操作的简单性(simplicity)、界面的美观性(aesthetic)、体验的愉悦性(enjoyment)。操作的简单性是指流程设计要简化,信息架构要清晰,操作要简单、方便,易于用户掌握和记忆。界面的美观性是指界面视觉设计要给人以美的感受,版式设计、图形设计、字体设计、按钮设计要有秩序感,视觉美感要符合大众的审美预期。体验的愉悦性是指产品的设计要在功能、情感和价值层面上激发用户愉悦的情绪,让用户获得良好的体验感,从而对产品产生依赖感。

图2.7 SAE交互设计三原则图

---

[1] 丹·塞弗. 交互设计指南(原书第2版)[M]. 陈军亮,陈媛嫄,李敏,等译. 北京:机械工业出版社,2010:118.

2.6 数字农业的内涵

数字农业(digital agriculture)就是利用数字技术如信息技术对传统农业进行改造,或是对工业化农业进行系统性升级。数字农业的目的是让农业生产、管理、运营、销售更加精准、高效、低耗、高产,为农业发展创造更高的价值。1997年,美国国家科学院和美国国家工程院院士正式定义了数字农业,认为数字农业是以现代信息技术为生产要素,对农业对象、环境和全过程进行可视化表达、信息化管理、数字化设计,对改造传统农业、转变农业生产方式具有重要意义。[1] 随后世界各国纷纷开展对数字农业的产业实践和学术研究。虽然我国数字农业起步晚,但是党和政府高度重视,时至今日,我国农村数字基建取得阶段性成果,数字农业技术得到普遍推广,农业的数字化水平有了显著提升,农业数字经济得到了高速发展。

2.7 数字农业的场景

2.7.1 农业电子商务

农业电子商务是农业数字化应用的重要场景,是以农产品交易、农资流转、生产服务为中心的电子商务模式。它的目的是借助信息化手段和互联网技术,减少农产品和农资流通的环节,打通生产者和用户、生产者与生产者之间的链条,为用户提供更新鲜、更实惠、更安全的农产品,同时为生产者提供更优质、更高效、更便捷的生产和经营性服务。按地域分类,农业电子商务包括农村地区的农业电子商务和城市地区的农业电子商务;按业务类型分类,农业电子商务包括农产品电子商务、农资电子商务、生产经营电子商务和休闲农业电子商务。农业电子商务的商业模式有B2B、B2C、C2C、O2O、C2M等。随着移动互联网的高速发展,社交电商、社群电商、私域电商、直播电商在农业电子商务活动中发挥着重要作用。

成立于2015年的拼多多是农业电商的典型代表。拼多多以社群电商为基础,改变了传统电商平台中心化的流量分配机制。传统电商企业通过汇聚海量的交易数据、采用规模化和中心化的方式形成对流量和广告的聚合力,通过搜索和排名对头部商家进行流量倾斜,并通过巨额的广告投入增加用户数量和流量。这种运作机制逐渐产生"流量困境"现象。考虑到社群电商具有在线、精准、便捷、裂变、有黏性的优势,拼多多将社交、游戏与电商进行结合,通过拼团、砍价等方式,增强用户的交互体验感。它利用社交媒体(如微信)进行社交裂变,建立用户与用户之间的联系,并通过碎片化传播,建立商品交易自行聚集机制。这种去中心化的流量分配机制使得引流手段更加多元化、引流投入更加精准化。拼多多的运营方式带动了农业电商的发展。

2.7.2 智慧农业

智慧农业是数字农业发展的前沿领域,发展智慧农业是我国实现农业强国的重要战略,也是新时代中国特色社会主义生态文明建设的重要组成部分。智慧农业是农业产业发展的高级阶段,它以工业化和信息化农业为基础,把物联网技术、移动互联网技术、大数据技术、云计算技术、遥感技术、导航技术、人工智能技术

---

[1] 郑凡,丁坤明,李欠男,等. 中国数字农业研究进展[J]. 中南农业科技,2024,45(6):237-242.

等融入农业生产、管理、经营、流通、溯源等环节,从而在农业的全要素环节实现精准、高效、环保、安全、生态的目标。在党和政府的政策引导下,全国涉农企业高度重视智慧农业的发展,智慧农业建设取得重大成效,以市场为主体的智慧农业产业初具规模,智慧农机、智慧农场、智慧养殖、智慧渔业取得突破,智慧农业在我国农业中的比重日渐上升。智慧农业可以分为智慧种植、智慧畜牧、智慧渔业、智慧农机、智慧园区、智慧果园、智慧服务等类型。

2018年,广州影子科技有限公司推出FPF未来猪场互联网养猪平台。该平台采用大数据、云技术、智能传感设备、智能控制设备对猪的全生命周期进行智能管理,实现了人与设备、人与猪、猪与设备的智能连接,保证了猪养殖全过程的安全、卫生、健康。FPF未来猪场互联网养猪平台可以"实现企业养殖精准管理与控制、现场快速准确采集业务数据、系统查看企业经营效果"[1]。

2.7.3 休闲农业

休闲农业是以农业、农村、农民为资源向游客提供休闲、观光、体验、度假、娱乐、餐饮、科教等服务,把农业生产、乡村景观、乡土文化与旅游相互融合的产业模式。休闲农业按农业门类可以分为休闲农场、休闲渔业、休闲林业、休闲牧业等,按服务类型可以分为种养、采摘、垂钓、观光、教育、餐饮等,按场景类型可以分为农家乐、村寨游、农业节气活动游、农业产业园游、农业示范园游、农业观光园游、休闲度假农庄游等。

随着我国农村数字化基础建设水平的提高,互联网与休闲农业深度融合。新媒体、短视频、自媒体、网络达人、社群营销、线上和线下互动为休闲农业带来广阔的市场空间。

2.7.4 创意农业

创意农业是利用数字技术把艺术与文化融入农业之中,通过创意赋予农业新的内涵,提高农产品的价值的产业模式。

Gardyn是美国的一家居家园艺公司。它利用智能养殖技术,设计出室内无土水培装置。该装置设有LED灯、超声波传感器和AI种植控制系统。用户通过APP,就能实现对植物生长的监控。

2018年,为庆祝建校120周年,华中农业大学在校庆晚会上推出了3D建筑投影动画(见图2.8、图2.9)。该动画使用了3D建筑投影技术和三维动画制作技术。主创人员从农业与文明的视角,利用动画视觉奇观,展现了人类农业文明的发展历程。主创人员通过将技术与艺术巧妙结合,让动画充分展现了中华农业文明和农耕文化的独特魅力。主创人员通过艺术创意,为农业文化注入了新的内涵。

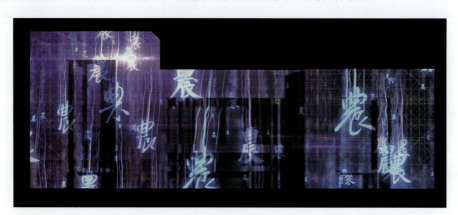

图2.8 3D建筑投影动画截图(一)

---

[1] 农业农村部信息中心.2022全国智慧农业典型案例汇编[M].北京:中国农业科学技术出版社,2022:133.

图 2.9 3D 建筑投影动画截图(二)

《农业与文明》3D 建筑投影视频演示

第 3 章 设计创新

3.1 创新概述
3.2 始于好奇
3.3 创新来源
3.4 创新要素

3.1 创新概述

从微观层面上看,创新是交互设计的核心要素。从宏观层面上看,创新是强国战略,是国家发展和民族复兴的重要推动力。党的十九届六中全会通过的《中共中央关于党的百年奋斗重大成就和历史经验的决议》中指出:"创新是一个国家、一个民族发展进步的不竭动力。越是伟大的事业,越充满艰难险阻,越需要艰苦奋斗,越需要开拓创新。"

1912年,经济学家熊彼特在《经济发展理论》中提出了著名的创新理论。他认为,创新是企业家把生产要素和生产条件进行重新组合,从而产生新的生产函数,为企业带来更大经济效益的活动。在熊彼特看来,创新有别于发明与试验。发明与试验是人的知识生产活动;而创新是人的一种经济活动,是通过对原有生产范式的破坏,来建立新的、更加高效的生产方式,从而为企业带来更高的经济回报。因此,熊彼特认为创新是一种破坏性的创造。

基于熊彼特的视角,设计创新是设计师运用设计思维,在创新的驱动下,对原有设计范式进行变革。设计师对产品的功能、技术、服务、场景、用户等要素进行重新连接,从而产生新的组合。这种新组合需要为企业创造更大的经济效益。设计创新有别于设计创造和设计创意,设计创造和设计创意属于人的认知活动,设计创造偏向于发明,设计创意偏向于审美。设计创新是一种社会化的经济活动,目的是让经济活动更加高效,从而为社会创造更多的价值。

3.2 始于好奇

好奇是创新活动的起点。所谓好奇,是指人们对未知事物的惊异与探索之心。惊异是人在遭遇未预料到的情况或刺激时所产生的惊讶奇怪的情绪反应,是一股强大的内在驱动力,激发人的探索欲。惊异在审美层面赋予人愉悦感,让人在感性层面获得满足感;而探索在认知层面引领人们不断追寻新知,推动着理性的进步。正如亚里士多德在《形而上学》开篇所言:"求知是人类的本性。"在本性的驱动下,人们对所有新生事物与未知领域都抱有浓厚的兴趣与好奇,这不断推动着人们踏上新的探索旅程。正是这些探索,促使新知识的发现与新事物的发明成为可能。因此,好奇是人类所有创造与创新的源泉,设计创新也是从好奇开始的。

3.3 创新来源

自进入文明时代以来,人类对物质文明的创造与生产极大地促进了社会的进步与发展。西方社会历经科学革命与工业革命的洗礼,科学技术的飞速进步带动了工业生产能力的显著提升。在此过程中,各式各样的新技术与创新设计理念被巧妙地融入工业生产,从而诞生了诸如火车、轮船、飞机、汽车、电报机、电话、冰箱、空调等一系列工业产品。这些产品的出现,不仅极大地提高了人们的生活品质,还深刻地改变了人们的生活方式,并对社会经济结构乃至全球格局产生了深远的影响。因此,深入探讨设计创新的灵感源泉,对于设计师全面理解创新的本质与内涵具有重要意义。

3.3.1　不经意的发现

几千年来,鲁班发明锯的传说,一直广泛流传着。

有一天,鲁班和他的徒弟们接到了一项建造皇家宫殿的任务。这座宫殿要求造得雄伟壮观,因此工程相当浩大。采伐大量木材的工作更是迫在眉睫。

刚开始时,鲁班率领徒弟们带上斧头,到山上砍伐木料。可是,面对又高又粗的参天大树,仅用手中的斧头去砍,十分费力。几天下来,他们师徒都累了,可是砍下的树木远远不能满足建筑宫殿的需要。

怎么办呢?鲁班心里开始焦急起来。

有一天,鲁班到一座险峻的高山上物色用作栋梁的木料。在攀爬一个小陡坡时,脚下蹬着的一块石头突然摇动起来,他急忙伸手抓住了路旁的一丛茅草。就是这丛茅草,把他的手划破了,他的手渗出血来。

这么不起眼的茅草怎么这么锋利呢?望着手掌上裂开的几道小口子,鲁班陷入了沉思。

于是,他忘记了伤口的疼痛,扯起一把茅草细细端详,结果发现茅草叶子边缘长着许多锋利的小齿。他用这些密密的小齿在手背上轻轻一划,居然又划开了一道口子。正当他琢磨其中道理的时候,忽然发现草丛中有几只蝗虫,它们的板牙一张一合,飞快地吞嚼着草叶。他捉住一只蝗虫,认真一看,原来蝗虫的牙齿上也长着密密麻麻的小锯齿。他若有所思地点头自悟:"原来它们是用这种锯齿来咬断草叶的,难怪吃得这么快!"想到这里,他心念一闪:要是我也用带有许多小锯齿的工具来锯树木,不就可以很快把树木锯断了吗?那肯定比用斧头要省时省力多了。

于是,他就请铁匠师傅打制了几十个边缘有锋利的小锯齿的铁片,拿到山上去做实验。他和他的徒弟各拉一端,在一棵树上来来回回地锯了起来。果然好使,他俩很快就把树木锯断了。

鲁班给这种新发明的工具起了一个名字,叫作锯。后来,他又在锯上安了一个把手,用起来方便多了。

有了锯,砍伐树木就快多了,宏伟的宫殿也如期竣工了。

3.3.2　生活中的灵感

吉列剃须刀是当今国际知名剃须护理品牌。20世纪初,美国人坎普·吉列发明吉列剃须刀,随后创立吉列公司。坎普·吉列发明吉列剃须刀的灵感来自他每天刮胡子的生活场景。

坎普·吉列原本只是一位名不见经传的推销员,但他并不满足于这份推销瓶盖的工作。他爱好发明,梦想能发明一款给他带来财富和名望的产品。在一次与老板的交谈中,他获得了老板给他的建议:设计一种一次性用品,这种用品必须价格低廉,消费者可以频繁购买,从而实现热销。这个建议无疑给了坎普·吉列以重要启示。在生活中,他不停观察身边的事物,寻找老板所说的一次性用品。有一天,刮胡子时,他被用钝的剃刀划破了脸颊——这是很多男性剃须时都会遇到的令人痛苦的事情。坎普·吉列脑海中灵光一闪,他突然意识到,剃须刀正是老板所说的理想的一次性用品。男性几乎都需要刮胡子,剃须刀是日常生活中的必需品。可是,传统的剃须刀不仅容易磨损,而且磨刀的过程也颇为烦琐。如果有一种价格便宜又好用的剃须刀,就可以解决男性刮胡子的麻烦。于是,他决定设计一款全新的剃须刀,这种剃须刀具有廉价、锋利、易耗、易携带的特性。坎普·吉列希望为用户提供一种经济、便捷、舒适的剃须体验。经过多年摸索,在朋友的帮助下,他终于设计出了一种刀片和刀柄可以分离的T型剃须刀。T型剃须刀的每片刀片在当时售价仅为5美分,并且每片刀片可以使用6~7次,每刮一次胡须花的钱不足1美分,只相当于去理发店花费的十分之一。由于吉列剃须刀经济实惠,因此越来越多的消费者选择使用它。[1]

1914年,第一次世界大战爆发。1917年,美国参战。这是美国第一次大规模地向欧洲派遣武装部队。吉列敏锐地发现了这一商机。他与美军达成采购协议,并以极其优惠的价格为美军大批量提供吉列剃须刀。吉列剃须刀成为当时参战美军士兵的单兵装备。美军士兵不仅免掉了用磨刀石和皮条磨刀的麻烦,而且当面部的胡子被刮干净后,可以更好地佩戴防毒面罩,有效保护自己不受毒气的侵害。第一次世界大战胜利后,美军士兵把这种剃须刀带回了老家,这种新式的剃须方法也逐渐在当地流行起来。

吉列发明的T型剃须刀既经济又实用,这种设计创新改变了男性传统的剃须方式,而这一创新的灵感,就源自日常生活中习以为常的事情。

3.3.3 问题驱动创新

圆珠笔是欧洲人书写工具变革历史中一项重要的发明。在圆珠笔发明之前,欧洲人主要使用羽毛笔进行书写。1832年,约翰·派克设计了一款结构巧妙的自来水笔。约翰·派克将墨水储存于笔管内部,墨水在重力的作用下通过导管流至金属笔尖。约翰·派克的这种设计大幅提升了书写的便捷性和流畅性,这种自来水笔大受市场的欢迎。然而,这种自来水笔在实际使用过程中逐渐暴露出不足之处。例如:将笔放置于衣兜中时,墨水容易泄漏,造成衣物污渍;书写时,笔头偶尔会在纸上留下不必要的墨点;使用者用力过大还可能导致笔头弯曲变形,造成无法继续书写。

在这些出现的问题中,墨水溢出成为自来水笔最急需解决的问题。19世纪30年代末,匈牙利人拉斯洛·约瑟夫·比罗注意到了一个现象。他发现,印刷报纸和杂志时所用的油墨比日常书写用的墨水干燥得更快,这能有效避免墨水干燥缓慢、造成纸张和衣物被污染的问题。然而,直接采用印刷油墨也存在问题,那就是油墨过于黏稠而导致其流速过慢,从而造成用户书写困难。尽管比罗进行了多次尝试,但他并未能取得实质性的突破。[2]

在乔治的协助下,比罗转换了设计思路。他对笔头进行了创新改进——在笔头安装了一个可以滚动的金属圆球。笔头有了金属圆球结构,因此与纸面进行接触时,能持续和均匀地释放墨水,并且这种金属圆球还可以起到笔帽的作用,能有效防止墨水的干涸。

比罗进一步调整了墨水的配方,增加其中碱性物质的成分,用以增强墨水的附着性。他还利用毛细作用的原理改进了笔管结构,这种笔管结构可以确保墨水的流动性。经过比罗的不断优化和改进,圆珠笔的书写性能得到极大提升。

此外,1950年,法国人马赛尔·比克设计出了比克圆珠笔。他进一步优化了墨水性能,并以传统的六边形木质铅笔为原型设计了笔身,这种设计提升了用户使用圆珠笔的熟悉感和舒适度。这种圆珠笔不仅出水

---

[1] 杨育谋. 吉列剃须刀为什么能畅销世界[J]. 沪港经济,2002(2):32-33.
[2] 德尼·古特莱本. 传奇发明史——从火的使用到长生不死[M]. 秦宵,译. 上海:华东师范大学出版社,2021:263.

流畅、书写清晰,而且生产成本低、价格实惠。因此,比克圆珠笔成为一种用完即弃的易耗商品,大受人们的欢迎。

从圆珠笔的发明过程可以看出,这类创新性产品的产生并非单纯依靠某一个天才发明家的非凡创造,而是众多发明家和创新者围绕同一问题,经过长时间、不间断、接力式的改进,最终形成的结果。在这一发明与创造的过程中,他们在设计实践中不断发现问题,随即着手解决这些问题,而在解决问题的同时,他们又会遇到新的挑战。正是这样一种循环迭代的过程,不断推动着创新的涌现。

3.4 创新要素

3.4.1 连接事物

布莱恩·阿瑟在《技术的本质:技术是什么,它是如何进化的》一书中认为:技术源自人们对"现象"的捕捉和利用,表现为实现人类目的的工具和方法;技术在发展过程中遵循组合进化机制,技术总是由已有技术组合而成,进而再与其他技术组成新技术。[1] 简言之,技术的创新就是把简单且成熟的技术进行重新组合,从而演化出新的技术形式。

有人提出创新的本质是连接,即把已有的事物与事物重新进行连接,从而创造出新事物。苹果公司的经典产品 iPod 可以说史上最成功的电子音乐产品之一。作为一款创新性产品,iPod 其实并没有采用特别的高、新、尖技术,而只是把传统音乐播放器、东芝硬盘技术、显示屏技术进行了连接。乔布斯通过设计把这些技术进行连接和整合,使得 iPod 相较于其他电子音乐产品,有着更加时尚的外观、更加流畅的操作体验、更易携带的产品体积,以及拥有储存超过 1000 首歌曲的容量。

乔布斯更具创新性的设计是,他将 iPod 通过 iTunes 与互联网进行连接。2003 年,正值全球互联网产业起步。乔布斯敏锐地洞察到了全球互联网产业的发展潜力。乔布斯的创新设计,无疑具有划时代的意义,他成功地将数字产品带入互联网时代。

iPod 的成功彰显了技术融合与产业整合的重要性。乔布斯不仅创造了 iPod 这一风靡全球的电子音乐产品,而且深刻地重塑了音乐的概念,颠覆了人们聆听音乐的方式,进而推动了音乐产业的转型升级。这种小产品的"微创新"带来了产业的大变革。

创新的连接形式可以分为以下类型。

1. 功能与功能连接

功能与功能连接是指设计师把不同物体的功能进行连接,从而整合出一个新物体。例如:设计师把刀的切菜功能和开盖器的功能进行连接,设计出瓶盖刀;设计师把隐藏墨水和显影灯结合起来,设计出儿童密写笔;设计师把电动机与扇叶、电热丝进行结合,设计出吹风机。

多肉开啦 APP(见图 3.1)是把手机游戏功能和社交功能进行结合而创造出的创意产品。该产品采用游戏互动和用户社交的模式,以游戏积分兑换实体多肉的奖励机制,让用户体验多肉养殖的乐趣。

---

[1] 赵阵. 探寻技术的本质与进化逻辑——布莱恩·阿瑟技术思想研究[J]. 自然辩证法研究, 2015, 31(10): 46-50.

图 3.1 多肉开啦 APP 设计

学生：晏诗怡、厉睿祎、王璟

多肉开啦 APP 高保真原型视频演示

2. 技术与技术连接

技术与技术连接是指设计师把不同技术进行连接。例如：设计师把面部识别技术、指纹识别技术、自动上锁技术、远程通信技术进行连接，设计出智能门锁；设计师把视频监控技术、远程通信技术、APP 终端控制技术进行连接，设计出家庭监控系统。

FishTank Mate(见图 3.2) 是一款远程控制 OLED 透明显示屏，监测并调节鱼缸生态环境的 APP。FishTank Mate 把 OLED 透明显示屏技术、3D 虚拟动画技术、智能鱼缸养殖技术、APP 终端控制技术进行连接，把养鱼、观鱼进行创新融合，给用户带来技术与艺术的双重享受。

查看鱼缸情况

调整鱼缸环境

在手机端设置想导入的视频等信息

查看鱼缸实际显示效果

欣赏消费者向鱼缸发送的故事

吸引到消费者的注意

图 3.2 FishTank Mate APP 设计

学生：谢琪智、侯艺鸣

FishTank Mate APP 高保真原型视频演示

3. 需求与需求连接

需求与需求连接是指设计师把人的不同需求进行连接。例如：小天才手表是设计师把通话、交友、定位、安全、手腕携带等需求进行连接而设计出的一款儿童智能通话设备；小米运动手环把运动监测、健康管理、NFC 支付、听音乐的需求进行连接。再例如，云麦智能体脂秤是一款结合 APP 使用的体重智能管理设备，设计师把体重监测、体脂监测、体重管理、社交需求进行了连接。用户在使用云麦智能体脂秤 APP 的过程中，通过交流和分享减肥和健身的经验，达成塑形和健康的目标，满足对健康和社交的需求。

酵的 N 次方（见图 3.3）是一款连接农户和农产品加工厂的 APP，可为农户和农产品加工厂提供信息服务。农户有处理残次水果的需求，酵素工厂有收购水果的需求，酵的 N 次方 APP 把两种需求进行了创新性连接。

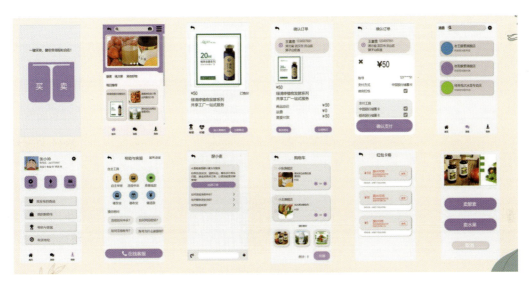

图 3.3　酵的 N 次方 APP 设计

学生：戴雪琴、曾现宾、侯瑾

酵的 N 次方 APP 高保真原型视频演示

4. 需求与场景连接

需求与场景连接是指设计师把人的需求和特定场景进行连接，从而为用户创造价值。例如，文石电子阅读设备主要用于为用户在多种场景下的电子阅读提供个性化解决方案。用户使用产品时，处于不同的场景，会产生不同的使用需求：在乘坐地铁时，用户需要小巧、易携带的电子阅读设备，电子阅读设备可以放到书包，或者装在口袋里；当处于看论文或者杂志的场景时，用户需要尺寸更大的电子屏幕；当处于看视频、浏览网站、使用APP场景时,用户需要性能更高的电子阅读设备。针对不同的场景,文石设计不同规格和性能的产品。例如:文石Poke5搭配6英寸大屏幕,适用于地铁场景;文石Tab13搭配13.3英寸大屏幕,适用于论文阅读和大屏办公场景;文石Tab10C Pro搭配10.3英寸彩色墨水屏电子书,适用于影音娱乐和高性能办公场景。文石通过设计不同性能和形态的产品,把用户需求和场景进行连接。

除味灵APP(见图3.4)把空气净化需求和冰箱内环境场景进行连接,帮助用户去除冰箱中不同食物产生的异味。除味灵APP的目标是为用户提供一站式冰箱异味解决方案,精准定位冰箱异味的根源,并提供多种除味剂,帮助用户轻松驱散异味。

图3.4　除味灵APP设计

学生:陈睿霜、蒋露、张忞诺

除味灵APP高保真原型视频演示

5. 感觉与感觉连接

感觉与感觉连接是指设计师通过产品把人们经由不同感觉器官所产生的感觉进行连接。例如,目前的智能手机大都使用大屏幕技术,给用户提供良好的观看享受,但是有些用户习惯了老式手机的按键操作,因此设计师就在手机中安装振动器,当用户在通话界面用手指按住按键号码时,振动器就会产生振动,给用户的手指以触感。这一设计就是把用户的视觉和触觉进行了连接。

好梦APP(见图3.5)为用户提供专业化的助眠音乐、睡眠监测服务,提供社交圈用以用户分享促眠心得。好梦APP致力于把用户的听觉和触觉进行连接,为用户打造一个舒适的睡眠环境。

6. 人与人进行连接

人与人进行连接是指设计师通过设计媒介把人和人进行连接。例如:信的发明满足了人与人之间通过书写交流的需求;电报的发明解决了人们远距离即时进行文字通信的需求;电话的发明解决了人们语音沟通的需求;腾讯QQ解决了人们语音通话、视频通话、文字交流、文件传输、协同办公、远程会议的需求;微信解决了人与人之间的社交需求;知乎APP解决了人与人之间信息交流的需求;得到APP解决了人与人之间知识交流的需求;淘宝 APP 解决了人与人之间商品买卖的需求;转转 APP 解决了人与人之间二手物品流转的需求;抖音 APP 解决了人们通过视频进行交流的需求。

图 3.5　好梦 APP 设计

学生：汪玲玲、张姝菲、刘亚男

焙友吧 APP(见图 3.6)是一款面向烘焙爱好者的社交类产品。该产品为烘焙爱好者打造了一个线上与线下相结合的烘焙社区。该产品意在汇集对烘焙感兴趣的人,打造一个参加烘焙活动、分享烘焙知识的平台,让喜欢烘焙的人能进行烘焙 DIY 分享与交友。

图 3.6　焙友吧 APP 设计

学生：李天、钟珍、陈安琦

7. 人与物进行连接

人与物进行连接是指设计师通过一定的媒介把人和物进行连接。例如:共享充电宝连接了人与充电宝,解决了用户没带充电宝、在室外给手机充电难的问题;自动饮料售卖机连接了用户与饮料销售点,用户可以在教室、车站、医院、政府办事大厅、公司休息区等场景方便地购买饮料;自动登记照一体机连接了用户、照相机、打印机,用户可以在办事的地方快捷地拿到自己的登记照。

厨余二次方 APP(见图 3.7)是一款提供厨余垃圾分类、回收、处理、利用服务的环保类产品,旨在提高厨余垃圾利用率,引领垃圾分类新时尚。该产品是把人和智能垃圾处理桶进行连接的产品。智能垃圾处理桶是一种智能的新型环保厨房电器,可以在十几秒内将食物垃圾,如果皮、鱼刺、菜梗、蛋壳、茶渣、骨头、剩饭等研磨成细小颗粒,再通过厨余二次方 APP 的操作,将细小颗粒处理为宠物粮食或者植物肥料,达到清洁环境、排除异味等效果。

图 3.7　厨余二次方 APP 高保真原型设计图
学生:袁天昊、叶桂萍、张金津、江智钰

厨余二次方 APP 高保真原型视频演示

3.4.2　解决矛盾

根里奇·阿奇舒勒(Genrich Altshuller)是一位发明家,曾从事专利审查工作。他通过多年研究发现,具有原创性的专利非常少,很多发明创造的原理和方法在发明过程中都属于重复使用。技术系统或产品的进化和发展不是随机的,而是遵循着一定的客观趋势。他对创造方法进行了系统总结,提出了 TRIZ 理论(发明问题解决理论)。TRIZ 理论认为,解决某个创新问题的困难程度取决于对该问题描述的标准化程度。这也是 TRIZ 理论将特殊问题转化为标准问题的指导思想。[1]

阿奇舒勒认为,技术系统是解决问题的主要途径,处理技术系统中的矛盾是创新的要素。TRIZ 理论中有一个矛盾矩阵理论,它告诉人们如何使用科学方法化解矛盾。例如,太空空间站使用太阳能电池板供能,只有把电池板做得足够大,才能给空间站提供充足的电能,可是运载火箭运载能力有限,不可能装载体积很大的电池板,这就会出现用电需求和运载能力的矛盾。工程师可以把电池板设计成折叠的船帆形态,火箭运输时把它折叠起来,等进入太空预定轨道后再把它展开,于是电池板有了足够的面积,可以为空间站提供充足的电力。工程师采用折叠方式成功地化解了上述矛盾。

TRIZ 理论中有物理矛盾解决法、分离矛盾需求法、满足矛盾需求法等,这些方法可以解决技术系统中的矛盾,对于交互设计有借鉴意义。

3.4.3　讲好故事

人类不仅爱讲故事,还更爱听故事。讲好故事构成设计创新一个不容忽视的要素。在进行产品设计和开发时,交互设计师需要有讲故事的能力。《设计行为学:让创意更有黏性》讲述了赛百味公司营销三明治

---

[1] 姚威,韩旭,储昭卫. 创新之道——TRIZ 理论与实战精要 [M]. 北京:清华大学出版社,2019:2.

的故事:贾里德非常胖,他想减肥,于是他制定了科学的饮食计划——连续几个月吃赛百味公司的三明治,最终他成功减肥。赛百味公司通过讲述一个普通人成功减肥的感人故事,潜移默化地向用户宣传公司的产品。

通常好故事有五个特征:简洁、意外、转变、共情、距离。以贾里德的故事为例进行分析。第一,简洁。简洁是指故事结构要简单,叙事内容要简洁,叙述过程要简化。贾里德的故事简单、清楚地表述贾里德吃三明治减肥的事情。第二,意外。意外是指故事的结局要给观众意外之感,即情理之中、意料之外。贾里德吃三明治竟然能减肥成功,这个结果超出了观众的固有认知,使观众产生惊奇、意外的感受。第三,转变。转变是指故事的主人公经历了一系列事件之后,自身的状态发生变化。这种转变通常是主人公从消极状态向积极状态的变化。例如,贾里德之前是一个好吃、懒惰的大胖子,减肥后,他变成了一个健康、阳光的帅气小伙。第四,共情。共情是指观众通过主人公的转变,获得一种与主人公共情的感受。通常观众的共情性是观众内心的、想象的自我与主人公进行共情,而不是真实的自我与主人公共情。例如,收看贾里德减肥广告的观众在现实生活中可能不会去减肥,可是他们内心有一个想减肥的自我,这个内心的自我和故事中的贾里德相共情,内心的自我也渴望减肥成功,过一种自律的生活,观众内心的自我受到了主人公经历的强烈感染,于是认同了故事中传达的价值观。第五,距离。距离是指故事的真实性应该和观众的生活保持一定的心理距离。故事完全贴合观众的生活经验,与观众的心理距离太近,观众会觉得故事讲得太现实,没有新鲜感,缺乏艺术的感染力;故事完全脱离观众的生活经验,与观众的心理距离太远,观众会觉得故事讲得太虚假,没有真实感,缺乏现实的说服力。故事讲述人需要针对具体的情况,拿捏距离的尺度。

讲故事对于设计和打造产品也有着重要作用,讲好故事也是交互设计师的一项重要的设计能力。

3.4.4 不断试错

阿尔贝托·索维亚在《做对产品》一书中提出这样的观点:市场上99%的创业和创新都会面临失败,也就是说失败是常态,成功是偶然。蒂姆·哈福德和埃里克·莱斯对这一问题进行了研究。

蒂姆·哈福德在《试错力》中指出:"无论我们喜欢与否,在复杂世界里解决问题的最有力方式不是专家领导力,而是试错法。"[1] 蒂姆·哈福德认为,在现代社会中,个人、团体抑或企业要推动创新,需要采用试错的办法;试错既是一种笨办法,又是低成本、高效的办法。

蒂姆·哈福德提出了试错法三要素,即稳妥的小碎步、冒险的大跨步和安全的松耦合。稳妥的小碎步是指人们可以先大胆地提出一个想法,通过试验验证自己的想法,对想法进行改进,再经过试验,再改进,经过循环往复地试错,一点点地并且快速地接近成功。冒险的大跨步是指经过量变的积累,最终通过变异获得突破性成功。安全的松耦合是指组织之间的关系处于松耦合的状态才是安全的,它既可以避免失败带来的风险,也可以增加成功的可能性,在松耦合的状态下,组织可以较好地采用小碎步和大跨步的试错法。在产品的研发过程中,设计师通过用户测试和市场反馈,发现产品在设计中存在的问题,通过对错误的修正,不断地改进产品的功能,通过产品迭代提高产品的市场竞争力。

---

[1] 蒂姆·哈福德. 试错力[M]. 冷迪,译. 杭州:浙江人民出版社,2018:20.

第 4 章 用户体验

4.1 用户体验定义
4.2 用户体验理论
4.3 用户体验内涵
4.4 用户体验案例
4.5 用户体验地图

一个勤劳的农夫在村头的池塘中捞得数只田螺,将它们养在了家中的大缸里。数日之后,他劳作归来,惊讶地发现家中不仅焕然一新,并且桌上摆满了可口的饭菜。这样的情景连续几日重现,令他心中充满疑惑。

于是,一日正午,农夫悄悄返回家中,意外发现一位美丽的女子正忙着为他做饭、洗衣、打扫。他满心好奇,问女子的身份。面对农夫的询问,女子说,她正是那日被农夫救下的田螺,心怀感激,决定以人形现世,用实际行动回报农夫的恩情。

田螺姑娘给予农夫的,无疑是一段极佳的用户体验。首先,她勤劳贤惠,来到农夫家中,并非为了享乐,而是真心实意地帮助农夫分担家务。其次,她精准捕捉到了农夫的需求,洗衣、打扫,并在烹饪上大展身手,让农夫每日都能享受到美味佳肴。最后,田螺姑娘选择以美丽女子的形象出现,而非保持田螺原貌,这一行为极大地提升了农夫的接受度与好感度。试想,若她以硕大田螺的形象示人,恐怕不但无法带来温馨,反而可能让农夫感到惊恐。田螺姑娘的这一系列精心设计与周到服务,无疑构成了一个典型的用户体验案例。

4.1 用户体验定义

B.约瑟夫·派恩等在1999年出版的《体验经济》一书中提出"体验经济"这一概念。他认为,体验经济是继农业经济、工业经济、服务经济之后,人类社会的又一重要经济模式。企业通过给用户提供定制化的产品和个性化的服务,为用户带来最佳体验,从而为企业创造更多的价值。企业不仅要重视产品的质量、性能、数量、渠道、成本、收益,还要重视用户使用产品的体验。随着移动互联网的发展,"用户体验"成为产业界和学术界关注的重要概念。

用户体验,从语义的角度理解,指的是用户的经验,或用户的体验;从概念角度理解,指的是用户使用产品的全部过程和总体心理感受。把这一概念运用于设计学科就产生了"用户体验设计"的概念。用户体验设计是一种以用户为中心,强调用户体验,尊重用户感受的设计理念和设计方法。用户体验设计英文为user experience design,简称UED或UXD。在有些场合它又被称为以用户为中心的设计,英文为user-centered design,简称UCD。

美国设计师唐纳德·诺曼于20世纪90年代最早提出"用户体验"的概念。该概念强调设计师在产品设计中,不仅要重视产品的可用性,还要重视用户在使用产品或服务时的主观感受和情感想象。唐纳德·诺曼认为,良好的用户体验可以让用户产生满足感、惊喜感和愉悦感。唐纳德·诺曼提出"用户体验"这一概念的背景是,西方社会已经从生产型社会转变为消费型社会。生产型社会以增量型经济为主导,企业以扩大生产规模和提高产能为目标,市场以企业的供给为导向。消费型社会以存量型经济为主导,企业以资源优化和提高效率为目标,市场以用户的消费需求为导向。企业和设计师不仅要考虑产品的功能、性能和成本,还要重视产品的用户体验。

国际标准化组织给"用户体验"下的定义是:用户使用或期待使用产品、系统或服务时的所有反应和结果。该定义指出用户体验是在用户与产品的互动中形成一系列的反应,包括感觉、情绪和想象。

从以上对用户体验的定义可以看出,用户体验包括用户、场景、产品、服务等要素,具有主观性、互动性、依赖性等特性。用户是产品的服务对象,每一款产品都有自己的用户群体,对用户类型的定义决定了产品发展的基本方向。场景是用户使用产品的时空情境,定义场景有助于交互设计师理解用户在何时何地需要何种服务。产品是服务的载体,服务是产品提供给用户的功能。服务满足用户的需求形成产品价值;产品依托服务所形成的价值产生经济效益,为企业带来盈利。主观性是指用户体验产品的一种主观情绪、情感以及心理感受。互动性是用户在使用产品的过程中,需要持续地与产品进行双向交互。依赖性是指用户需要长久地借助产品的服务功能来解决问题、满足需求,不仅在行为上对产品产生依赖,并且在心智上对产品产生强烈的依赖。

目前,学术界和产业界对用户体验的定义、内涵、特征、测量、评价尚处于探讨和争论之中,并没有形成统一的共识。学者们分别基于心理学、管理学、营销学、工程学、设计学等学科对用户体验进行研究,形成了一批具有代表性的理论成果。

4.2 用户体验理论

4.2.1 用户体验 5S 理论

美国交互设计专家杰西·詹姆斯·加瑞特(Jesse James Garrett)在《用户体验的要素:以用户为中心的 Web 设计》一书中提出了用户体验 5S 理论。

杰西·詹姆斯·加瑞特以 Web 网站为例,把用户体验模型划分成五个不同层级:战略层(strategy)、范围层(scope)、结构层(structure)、框架层(skeleton)和表现层(surface)。该模型可以从抽象分析到具象表现,从概念构思到产品完成,从商业模式到界面设计,帮助交互设计师把握用户体验设计的全过程,从而让交互设计师具备产品设计的全局观。在用户体验模型中,战略层是企业的核心价值观和企业主要商业目标,是企业发展和产品价值构成的底层逻辑,是所有产品设计的基础;范围层是产品或服务的功能边界;结构层是产品功能结构或服务流程;框架层是对产品进行信息架构和界面设计;表现层是对用户接触到的产品或服务进行感知层面的设计。5S 理论从五个层面把握用户体验的全过程,为产品设计的商业策略、产品架构、流程设计、信息设计、交互设计、界面设计等环节建立起系统的认识和操作结构。

4.2.2 唐纳德·诺曼的情感化理论

唐纳德·诺曼从情感的视角研究用户体验。他认为,产品设计要满足用户本能层、行为层、反思层的体验。本能设计侧重于产品的外形,为用户带来直接的视觉美感;行为设计侧重于产品功能,为用户带来实用的便利;反思设计侧重于产品的符号和文化意义,为用户带来更深层次的文化、价值和审美享受。例如,微信的提示语使用的是"你"字,微信想和用户成为平等的朋友,通过这样的文字设计,给用户以朋友般的情感。再例如,抖音有这样一项功能:每到夜深了,用户刷抖音时间过长,抖音会出现一个小视频,提示用户该休息了。抖音的这种设计给人以温暖的关怀之感。

4.2.3 莫维尔的用户体验蜂窝模型理论

彼得·莫维尔(Peter Morville)被誉为"信息架构之父",是信息架构领域的专家。莫维尔提出了用户体验蜂窝(user experience honeycomb)模型,它将用户体验的评估和测量划为七个维度,分别是有用性(useful)、可用性(usable)、可寻性(findable)、可及性(accessible)、合意性(desirable)、可靠性(credible)、有价值(valuable)。因为其中包含了用户性,所以学界又把用户体验蜂窝模型理论称为可用性理论。

4.2.4　峰－终定律

行为经济学家丹尼尔·卡尼曼(Dianel Kahneman)通过对病人对手术痛苦的感知过程的研究发现,病人在回忆痛苦的经历时,记忆主要停留在痛苦最高值和最后数值的阶段。

卡尼曼认为,对一段经验的回顾性评价是通过建构代表性时刻即"快照"(snapshot)进行的,代表性时刻的情感值是该段经验中最强烈时刻情感值(峰点)和结束时情感值(终点)的平均值,这被称为峰－终定律(peak-end rule)。[1]

人对事情的记忆主要集中在体验峰值的"最高""最低"以及"最后"阶段,体验时间长短、质量以及平均感受对记忆的影响并不大。例如,观众看马戏,尽管动物巡游、驯兽表演、小丑表演都很精彩,但高空飞人会给观众留下更深刻的印象。这是因为高空飞人动作难度大,动作的危险程度高,所以它能带给观众强烈的视听刺激,让观众久久不能忘怀。再例如,有患者去拔牙,在拔牙的过程中,打麻药会给患者带来强烈的胀痛感,术后患者对牙医其他的操作可能没太多印象,但是打麻药那一刻的胀痛感,患者会记忆犹新。还例如,有食客去餐馆吃饭,用餐环境、饭菜茶饮都让食客比较满意,在他用餐结束后,商家赠送他免费的冰激凌,这个行为就会给食客以良好的体验。

4.3　用户体验内涵

目前学术界普遍认为,用户体验是指用户在使用产品的过程中,产品的功能或服务给予用户的主观感受。不过,这种主观感受并不是凭空产生的,而是来自用户的行为体验。它是用户的行为体验逐渐转化为用户主观体验的一种过程,是生理活动转变为心理活动的过程。用户体验不是一个静态的概念,而是一个包含主体与客体、主观与客观、时间与空间、功能与形式、价值与价格等范畴的动态概念。在用户体验的诸多范畴中,价值范畴对用户体验的变化有着重要影响。

从价值论的视角出发,用户体验的实质就是产品为用户创造独特的价值。价值包含产品给用户带来的使用价值、交换价值、情感价值和文化价值。用户体验的过程就是用户从产品中所获得的使用价值逐渐转化为文化价值的过程。在此基础上,用户体验价值的三大构成要素为需求、服务和预期。

首先,需求是用户体验的目标要素,满足用户需求是用户体验的核心目标。用户需求是用户通过产品满足自身需要,包括用户的个体性需求和社会性需求。当代西方经济学主观价值理论认为,产品的价值形成与用户的需求和市场机制相关,产品的价值取决于用户对产品边际效用的主观评价,用户对产品的需求程度决定了产品价值的大小。B. 约瑟夫·派恩认为,体验可以创造经济价值,企业通过提供个性化的产品和服务,从而满足用户的特定需求。它所创造的价值超越了传统商品和服务,是一种更高级的价值形式。当产品的

---

[1] 耿晓伟,郑全全. 经验回顾评价中峰－终定律的检验[J]. 心理科学,2011,34(1):225-229.

服务满足用户需求时,产品产生价值;当产品的服务不满足用户需求时,产品不产生价值。用户体验感好的产品带来高价值,用户体验感糟糕的产品带来负价值,用户体验感普通的产品带来一般价值。

其次,服务是用户体验的功能要素。产品是服务的载体,服务是满足用户体验的手段、内容和供给的基础。服务要素包括功能、样式、内容、性能、成本以及价格。服务类型包括产品提供给用户的硬件服务、软件服务、线上服务、线下服务。好的服务通常具有差异性、优质性、高性价比的特征。差的服务通常具有同质化、劣质性、低性价比的特征。

最后,预期是用户体验的心理要素。用户为了满足某一需求,会对产品进行一种想象。用户会借助以往的生活经验、朋友推荐、广告宣传对产品的功效、性能、价格进行联想。用户预期包含用户对服务的功能、效果、性能、质量、价格的期望。如果产品提供的服务超出了用户的心理预期,对于用户来说就是好的用户体验;如果产品提供的服务低于用户的心理预期,对于用户来说就是糟糕的用户体验;如果产品提供的服务基本满足用户的心理预期,对于用户来说就是普通的用户体验。用户预期涉及两个范畴,一个是功效比,另一个是性价比。功效比是指在单位时间内完成多少事情、满足用户多少需求。性价比是指产品的性能和价格的比例,高性价比产品的性能好、服务好、质量好,但价格低,用户认为产品物超所值。低性价比产品的性能、服务、质量一般,但价格高,用户认为产品物不所值。以农夫和田螺姑娘的故事为例,田螺姑娘提供给农夫的服务有制作美食、打扫房间、整理衣物。田螺姑娘在较短的时间内完成这些工作,并且是免费为农夫提供服务。这些服务超出农夫的心理预期,所以农夫非常喜欢田螺姑娘。一个产品所提供的服务质量好、产品性能优异,在需求满足和性价比上超出了用户预期,这个产品就会给用户带来良好的用户体验。黄梓暄在《暄言献策:交互设计师的用户体验策略》一书中指出:产品的用户体验超过用户心理预期,为用户提供更高的价值和更好的体验,才能与其他产品产生差异化;超出用户心理预期是设计师和产品经理打造产品、改善用户体验的"秘方"。[1] 不过,用户的预期不是一成不变的,用户预期是个变量,会随着时代发展、用户成长、需求改变而不断发生变化,所以设计师要根据用户需求的变化和用户心理预期的调整,对产品进行不断迭代。

综上所述,在用户体验价值模型中,超出用户预期的服务所带来的用户体验就是好的用户体验,好的用户体验为产品创造高价值,从而形成产品的经济效益。此外,好的用户体验设计不仅为产品创造价值,而且为用户创造价值。

4.4 用户体验案例

20世纪70年代是美国电脑产业高速发展时期。乔布斯看到个人电脑的商机,于1977年和他的好友沃兹尼亚克推出Apple II。该电脑带有键盘和电源,还可以连接到彩色电视机上,并可以为用户提供紫色和绿色的色彩显示。

乔布斯是最早基于商业化的模式,以用户体验为视角,以设计为引导,探索个人电脑创新解决方案的企业家之一。在乔布斯的努力下,苹果电脑不仅是一台电脑,还是一款科技与技术相结合的个人电子消费产品。

乔布斯十分重视Apple II的外观设计。他发现其他厂商生产的个人电脑机箱几乎都是灰色且笨重的金

---

[1] 黄梓暄. 暄言献策:交互设计师的用户体验策略[M]. 北京:电子工业出版社,2024:217.

属外壳。乔布斯从厨艺公司(Cuisinart)的食品加工机的外观设计上获得启发，决定要给 Apple Ⅱ 设计一个外观时尚、造型简洁、质感光滑的塑料外壳。他专门请杰里·马诺克(Jerry Manock)设计 Apple Ⅱ 的外壳。高度重视设计工作成为苹果公司一项重要的企业文化。

乔布斯十分重视产品的细节。他发现，电脑工作时，用于给电源散热的风扇会发出声响，这种持续的噪声会干扰用户使用电脑的注意力。对于一般的工程师来说，电源问题是不值得重视的问题，乔布斯却认为电源问题是电脑的关键问题之一，会影响用户体验。于是，乔布斯找来了工程师罗德·霍尔特(Rod Holt)。罗德·霍尔特重新设计了 Apple Ⅱ 的开关电源，解决了电源散热问题。乔布斯对产品细节的极致追求，来自其养父对他的教导："如果你是个木匠，你要做一个漂亮的衣柜，你不会用胶合板做背板，虽然这一块是靠着墙的，没人会看见。"[1] 这条教诲成为苹果公司重要的价值追求：即便是别人看不到的地方，对其工艺也必须尽心尽力。

由于乔布斯高度重视产品的用户体验设计，Apple Ⅱ 相比同时期的个人电脑在使用体验上有了极大提升。不过 Apple Ⅱ 的交互系统采用的是 Basic 编程语言，用户必须掌握程序语言，通过键盘才能与电脑进行交互，这些限制使得 Apple Ⅱ 对没有编程基础的用户并不友好，这与乔布斯所畅想的让每一个用户都能轻松地使用电脑的目标差得还很远。1984 年，乔布斯推出新一代的个人电脑 Macintosh。Macintosh 又被称为 Mac，拥有图形用户界面系统，并采用鼠标输入的交互方式。用户无须掌握编程语言，就可以直接通过使用桌面系统操作图形化界面软件，进行办公、学习、游戏。它使得人机交互变得更加简便和高效。Macintosh 是个人电脑发展历史的一个里程碑，也成为苹果公司最重要的品牌之一。

乔布斯在 Macintosh 上取得用户体验设计的重大创新成果。不过，乔布斯的这些创新也并非他的原创，其实借鉴了施乐公司的相关技术。施乐公司的帕罗奥多研究中心在 1973 年推出了一种全新电脑交互技术，即图形用户界面(graphical user interface，GUI)技术。用户通过位图图形与系统和软件进行交互，不需要输入命令行或 DOS 提示符就能对电脑发出指令。该研究中心还设计了一款三键电脑鼠标，用户可以用鼠标点击桌面的文件夹和文件。1979 年，乔布斯和其团队成员参观了该研究中心，并对奥托电脑样机所采用的图形用户界面系统和鼠标技术大为赞赏，决定把这些技术融入苹果电脑的研发之中。

1981 年初，乔布斯亲自主导 Macintosh 的研发工作。乔布斯以一个艺术家的态度，要求团队打造一台完美的电脑。这台电脑要做到性能强悍、操作简易、视觉美观，且价格便宜。在电脑的性能设计上，乔布斯采用了摩托罗拉 68000。摩托罗拉 68000 是一款 16 位通用微处理器，搭载了 32 位寄存器，可以让 Macintosh 具有强悍的计算性能，可以运行图形用户界面系统。

乔布斯强调交互设计要让电脑的操作简单，并且容易使用，让用户一看到图标就可以理解如何去操作，不能一味地追求美观，而牺牲交互的易用性。乔布斯倡导要把交互设计和用户的日常经验进行连接。用户通常都有整理办公桌的生活经验，会按照自己的需求整理办公桌。通常，用户会把重要的文件放在桌子的最上面，也会把不需要的文件扔进垃圾桶。所以，苹果电脑的设计师按照这样的理念设计了电脑桌面、窗口文件、文件夹图标、标签栏图标、垃圾箱图标，以便让用户按照自己的生活经验去轻松地操作电脑。这种交互设计的理念和设计方法，也被微软公司的 Windows 系列产品借鉴。

乔布斯的设计理念受到了包豪斯设计理念的影响。乔布斯比较认可格罗皮乌斯和密斯所倡导的艺术与工业设计的融合、实用和简约的融合、功能和表现的融合观念，以及"少即是多"(less is more)的设计观念。

---

[1] 沃尔特·艾萨克森. 史蒂夫·乔布斯传[M]. 管延圻，魏群，余倩，等译. 北京：中信出版社，2011：122.

乔布斯认为，苹果电脑的设计应该是干净简洁的。苹果电脑要做得光亮又纯净，能展现高科技感，而不是一味使用黑色，满是沉重的工业感。乔布斯所倡导的"至繁归于至简"设计标准成为苹果公司重要的设计美学标准。时至今日，苹果公司所有产品一直承载着这一重要的设计美学传统。

1984年1月24日，苹果公司为Macintosh举办了盛大的发布仪式。在发布会现场，乔布斯展现了Macintosh的语音功能，Macintosh发出了低沉的声音："你好，我是Macintosh，从包里面出来的感觉真好。"[1] 它成为第一台能做自我介绍的电脑。现场观众第一次见到这种奇观，发出雷鸣般的欢呼声。发布会成功举办，并取得了巨大的社会反响，人们纷纷订购Macintosh，Macintosh的销售量持续走高。不过好景不长，过了半年，Macintosh的销售量就出现了断崖式的下降。此时，苹果公司的竞争对手IBM公司的个人电脑业务的市场份额在不断扩大。直到1985年，Macintosh的销售也没有出现好转迹象。

用户使用Macintosh发现了一系列问题。首先，虽然Macintosh的用户界面美观，而且采用了鼠标交互方式，但位图显示技术和鼠标交互技术会大量地消耗处理器的计算性能，再加上Macintosh只有128 KB的内存，显示那些非常漂亮的字体和图形会让系统变得异常缓慢，有的图形甚至显示不出来。其次，乔布斯执意不在电脑上安装风扇，造成了系统过热，从而导致电脑组件经常出现故障。最后，也是最致命的是Macintosh是一个封闭的系统，虽然它拥有易于操作的可视化的软件应用程序，但是只有6款软件，用户无法安装其他程序。相比而言，IBM公司的个人电脑的软件虽然没有Macintosh的软件好用，但是用户可以在IBM个人电脑上自由安装所需的软件。所以，在用户的眼中，Macintosh只是有趣的玩具，而不是一件实用的工具。

概言之，乔布斯在Macintosh上展示了极具颠覆式的创新设计理念，本意是向用户提供前所未有的完美体验，但是乔布斯的这种创新设计理念缺乏相应的技术、工艺、工程、商业的支撑，其设计超出当时用户的实际需求，所以Macintosh在与IBM个人电脑的竞争中败下阵来，尽管IBM个人电脑在设计理念和设计表现上都远逊于Macintosh。由此可见，用户体验的创新和设计创新不仅需要决策者能敏锐地洞悉用户需求，而且需要决策者能准确地把握市场时机。显然，乔布斯在Macintosh项目上的失败，是输在了对时机的错误判断上。

4.5 用户体验地图

4.5.1 用户体验地图的内涵

用户体验地图(user experience map)，又称为用户旅程地图(user journey map)，是表现用户希望达成某一愿景的体验过程或用户使用产品过程的体验导航。用户体验地图主要是以图表的形式，从典型用户的视角讲述用户体验产品的故事。它以时间为发展线索，描述用户行为和体验状态变化。它的作用是帮助交互设计师建立产品设计全局观，发现用户痛点，为新产品的开发寻找机会点。

用户体验地图示例如图4.1、图4.2所示。

---

[1] 沃尔特·艾萨克森. 史蒂夫·乔布斯传[M]. 管延圻，魏群，余倩，等译. 北京：中信出版社，2011：157.

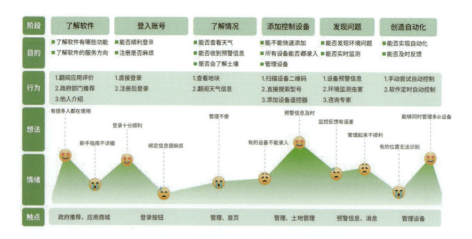

图 4.1　橘子园 APP 用户体验地图

学生：陈晓璇、刘星宇、李睿桐

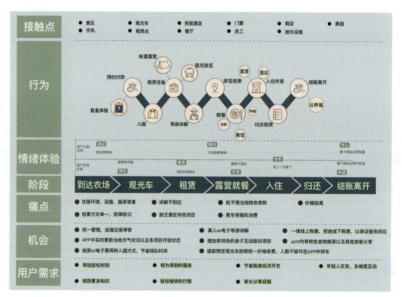

图 4.2　FARMWORK APP 用户体验地图

学生：张芷雯、凡子翔、伍思梦

4.5.2　用户体验地图的要素

1. 用户画像

用户画像的作用是定义用户角色模型，反映用户的基本属性，如姓名、性别、年龄、职业、爱好、性格、特长等。

2. 用户目标

用户目标就是用户需要完成事情的目的，或者实现某种生活方式的愿景。交互设计师通过洞察用户表面需求和真实需求，帮助用户寻找真实需求，完成用户目标。

3. 使用路径

使用路径是用户实现目标所要经历的具体阶段，或者是用户要完成任务所要经历的流程，或者是用户在使用竞品时的全过程。例如，用户在商城游玩，从一楼逛到五楼，从卖衣服的门店逛到卖手机的地方，从卖商品的地方逛到吃东西的店家,这个过程就叫作使用路径。

4. 触点

触点是用户与产品所提供的服务或功能所发生的具体接触。它可以是用户实现目标所要经历的具体事件,或者是用户要完成任务所要经历的具体操作,或者是用户在使用产品时的具体动作。

5. 情绪曲线

情绪曲线是记录用户实现目标,完成任务或者使用竞品过程中情感体验变化的曲线。情绪曲线采用波动图的方式,以时间值为横轴,以情绪变化的值为纵轴,呈现用户情绪峰值变化状态。

6. 痛点和机会点

痛点就是用户没有达成自己的目标,让用户产生痛苦感、顿挫感和落差感的事情。交互设计师通过观察情绪曲线,分析痛点背后的原因,为新产品的研发和迭代创造机会点。

交互设计师通过用户体验地图可以清晰地梳理出用户、产品、服务三者之间的互动关系。用户体验地图不仅可以帮助交互设计师分析用户行为习惯和了解用户需求,而且可以帮助交互设计师分析竞品,了解竞品的优势和存在的问题,还可以帮助交互设计师发现产品的问题,为产品迭代提供精确的改进方法。

4.5.3 用户体验地图的设计

用户体验地图的设计通常分为三个步骤:第一步是以文字的形式描述用户画像;第二步是以文字的形式描述用户体验产品或服务的旅程;第三步是用图表的形式展现用户体验的旅程。在设计用户体验地图时,交互设计师需要注意用户体验旅程的全局性、阶段性和变化性。全局性是指交互设计师要以用户体验旅程的全局发展为设计视野;阶段性是指交互设计师要把用户体验的旅程,按照用户使用产品的阶段进行划分;变化性是指交互设计师要注意用户使用产品时,不同触点所带来的用户情绪的变化。交互设计师需要通过调查研究,梳理用户使用产品的触点,以问题为导向,发现用户痛点,为产品的研发寻找新的机会点。

有趣 APP 图表版用户体验地图如图 4.3 所示。

阶段	发现APP	下载注册	初识产品	养护助手	社区互动	植物与文化
触点	社交媒体	下载APP,注册APP	查看首页	植物生长记录	社区页面	植物文化页面
用户行为	在知乎上了解APP,查看下载量和评论	下载并安装APP,注册	浏览首页内容	使用记录功能,获得养护提醒	分享心得,发帖和视频	浏览植物相关文化文章
用户需求	了解功能和特色	快速下载和注册	查看框架和功能	强大的记录功能和准确提醒	社区活跃,交朋友	寻找设计灵感
痛点	担心功能不足	注册烦琐,权限小	无	无	社区不活跃,缺少聊天功能	文章少,缺少原创文章
机会点	无	优化注册流程	展示精美图片,个性化推荐	界面个性化,简化操作流程	丰富社区功能,增加交流活动	邀请写手,激发网友创作热情
情感曲线	😐一般	😣差	😊好	😄非常好	😫极差	😣差

图 4.3 有趣 APP 图表版用户体验地图

第 5 章 用户研究

5.1 用户研究
5.2 用户画像
5.3 用户场景
5.4 产品分析

5.1 用户研究

5.1.1 用户研究的定义

用户研究是对用户使用产品的行为和心理进行的系统性分析。用户研究通常借用心理学、营销学、广告学、社会学的研究理论,借助用户调查、用户访谈、专家访谈、市场调研、竞品分析、数据分析等定性或定量的方法,分析特定用户的需求、痛点、行为、心智,为产品决策和交互设计提供可靠的数据和用户反馈。腾讯公司高度重视用户研究工作,提出用户研究的"10/100/1000 法则",即产品经理每个月必须做 10 个用户调查,关注 100 个用户博客,收集 1000 个用户体验反馈。[1] 腾讯公司在用户研究上投入了大量的人力、物力和财力,加上采用了精准的用户调研方法,使得腾讯系的产品在体验和性能上都深受用户的青睐。

用户研究的目的是:其一,发现用户的真实需求;其二,发现用户痛点,为用户提供最优的解决方案,帮助用户解决问题;其三,为企业寻找产品的机会点,寻求新的市场机遇;其四,为产品制定合理的商业模式与盈利模式,提供可靠的判断依据。

用户研究三要素理论认为,用户研究的实质就是研究用户、场景、产品的互动关系。三者的互动一方面决定用户购买和使用产品的行为,另一方面决定企业的研发制造、服务推广、广告营销、获取利润等一系列活动。基于三要素理论,用户研究的内容包括对用户、场景和产品的研究。用户要素的研究包含分析用户需求、痛点、行为、心智,产出物为用户画像图。场景要素的研究包含用户场景的时间、地点、事情、目标等,产出物为用户场景故事板。产品要素的研究包含产品定位、产品功能、产品模式、商业模式、盈利模式,产出物为产品分析图。

5.1.2 用户要素的内涵

5.1.2.1 需求

需求是经济学的核心概念,是指消费者对商品或服务的购买欲望,抑或市场上商品或服务需要量的总和。阿瑟·雷伯认为:"需求在心理学上为人体生理所需的某种基本物质(食物等),亦可是一些社会和个人的因素以及来自复杂学习的东西(知识、技能、成就、声望等)。"[2] 在设计学中,需求是指用户对产品的期望和需要,即用户需要得到产品的服务或帮助,以实现用户的目标。

周鸿祎提出:"做产品,归根结底就是研究如何满足人性的最根本需求。"[3] 需求分析在用户研究中占据着重要地位。准确地研究用户离不开对用户需求的敏锐洞悉。在福特发明 T 型汽车前,很多企业都在对用户的通行需求进行调研。它们经过调查得出结论:用户需要一匹更快的马。于是,很多企业就在马和马具上进行改进。而福特洞悉了用户的真实需求,他发现用户的真实需求是得到一种更快的交通工具,而不是马。所以,他改进汽车的生产工艺和生产流程,为用户创造了速度快、价格低、质量好的 T 型汽车,量产的 T 型汽车获得了市场的认可。

1. 需求的范畴

用户需求可分为刚性和弹性、高频和低频、重要和次要、亟需和稳健四对范畴。

---

[1] 希文. 马化腾内部讲话:最新版[M]. 北京:中国致公出版社,2018:21-22.
[2] 陈冰冰. 国外需求分析研究述评[J]. 外语教学与研究,2009,41(2):125-130.
[3] 周鸿祎. 极致产品[M]. 北京:中信出版集团,2018:11.

(1) 刚性需求和弹性需求。

刚性需求又称为刚需,是指基于维持人的生理、生存、生活而产生的需要,如饮食、排泄、穿衣、休息、居住、医疗等。这些需求关系到人的生存和健康,具有必需性、普遍性、持久性的特点。弹性需求并不是为了满足人的生存必要条件而产生的需要,如游戏、艺术、体育、收藏、旅游等。这些需求更多涉及人的心理和意识层面,具有特殊性、波动性、可替代性的特点。

(2) 高频需求和低频需求。

高频需求是指需求强烈、依赖性强、出现频率高的需求。例如,人每天都需要补充能量、汲取水分,以维持生存。低频需求是指需求微弱、依赖性弱、出现频率低的需求。例如,人对奢侈品消费的需求就是一种低频需求,人对这种需求的依赖性较弱,这种需求在人的生活场景出现得相对较少。

(3) 重要需求和次要需求。

重要需求是指对于个人来说十分重要的需要。该需求对于个人来说有着举足轻重的意义。次要需求是对于个人来说是居于次要地位的需求类型。该需求对于个人来说意义普通。对于需求的重要性和次要性的理解,因人而异,主要取决于一个人的价值观、世界观、教育环境和生活环境。例如,有的人把获取财富作为自己最重要的需求,有的人把追求科学真理作为自己最重要的需求,还有的人会把追求公平和正义作为自己最重要的需求;也有的人把牺牲自我、拯救他人作为自己最重要的需求,而把自己对安全的需求放置于次要地位。

(4) 亟需需求和稳健需求。

亟需需求是指人马上、立刻需要满足的需要。该需求对于人来说具有高度的急迫性和刻不容缓性。例如,对于一个发生心肌梗死的患者来说,马上进行心肺复苏就是亟需需求。稳健需求对于人来说并不是一个紧急需要,人可以在日常的生活中逐步稳健地满足这种需要。例如,人有想练习书法的需求,他不必马上解决这个需求,可以在日常的生活中稳健地练习书法,以提高自身的书写能力。

2. 需求的特征

需求具有普遍性、稳定性、层级性、丰富性、变化性的特征。

(1) 普遍性。

普遍性是指有些需求是人类共同的、普遍的且具有共性的需求,它不受人种、文化、时代、环境等因素的影响。例如,人对生殖、繁育、饮食、排泄、居住、穿戴等的需求就不受上述因素的影响。

(2) 稳定性。

稳定性是指有些需求在一定时期内会长时间被人所需要,该需求具有相对的稳定性。例如,在中世纪欧洲,人们普遍信仰基督教,基督教的宗教信仰是中世纪欧洲人的一种较为稳定的需求。这种需求持续了很长时间。

(3) 层级性。

层级性是指人的需求是有层级性的。对于需求的层级性的阐释,最知名的理论莫过于马斯洛的需求层次论。首先,马斯洛认为人的基础性需求是生理需要,它是维持生命活动的基础,也是人最重要的需求类型。其次,当生理需要得到保障时,人就会追求安全需要。安全需要包括人对安全、稳定、依赖、保护、免于恐惧、免于混乱、追求秩序的需要。再次,如果上述两类需求得到了满足,人就会产生对归属感和爱的需要,即社交需要。马斯洛认为,工业化的进程加速了人口的流动和社群关系的变化,现代人失去了传统的家族、血缘、邻里、朋友的亲密关系,当人满足了生存基本需求之后,他就会渴望从众、聚集和归属。此外,人还是情感动物,不仅需要接受来自他人的爱,还需要给予他人爱。人有爱与情感的需要。然后,人会有对自尊的需要,即尊重需要。人需要得到稳定、积极、可信的评价。这种评价一种是来自自我的肯定与认可,另一种来自他人对自己的尊重和承认。尊重需要一旦得到满足,人便会产生自信感、价值感和能力感,觉得自己对于世界来说是有意义的,是有价值的存在。一旦这种需要得不到满足,人就会产生挫败感、无力感和自卑感,这种消极情绪积累到一定程度,就会触发某种其他的代偿机制或导致神经疾病的产生。最后,马斯洛认为,当上述需要都得到满足时,人就会产生自我实现需要。所谓的自我实现,就是人忠于自己的本性和内心,经由自我的自主发展,达到自我期许的状态。马斯洛认为:"人对于自我发挥和自我完成的欲望,也就是一种使人的潜力得以实现的倾向。这种倾向可以说一个人越来越成为独特的那个人,成为他所能够成为的一切。"马斯洛的需求层次论把人的需求从低到高、从物质到精神划分为五个层级。当人的基础层级的需求被满足时,人会追求更高层级的需求。需求的发展是一个进化和升华的过程。

(4) 丰富性。

丰富性是指人的需求具有丰富和多元的特征。人的需求不是单一的,而是多元、多样、复杂和多层级的。人的需求的丰富性构成了人类社会的多元性,人类社会的多元性也加剧了人的需求的丰富性。需求的丰富性既是人性的显著特征,也是社会进步的重要特征。例如,随着我国的综合国力提升,人们生活水平的质量不断提高,人们的需求越来越丰富和多元。人们不仅对物质需求的要求越来越高,对精神、文化、价值的需求也愈加强烈。例如:有人参与极限运动,去挑战自我的潜能;有人从事先锋艺术工作,去追求自我的个性;有人会从事社会公益工作,去追求自我的奉献;有人沉迷于纸醉金迷,去追求自我的享乐;也有人去寻找诗和远方,去追求自我的宁静。社会的发展与进步,为人的需求的丰富性创造了可能性。

(5) 变化性。

变化性是指人的需求具有变化、发展和演变的特征。人的需求类型、需求频度、需求强度、需求重要度,会随着时代、环境、技术、社群的变化而发生改变。例如,从中国人近百年对食物需求的变迁来看,建国之前,中国人对食物的需求是"吃得上";建国之后,中国人对食物的需求是"吃得饱";改革开放之后,中国人对食物的需求是"吃得好";当代中国人对食物的需求是"吃得少"。短短一百年中国人对食物的需求发生了巨大变化,这种变化反映了中国国力的巨大提升。可见,人的需求会随着科学技术的进步、社会生活方式的改变、社群文化观念的转化而不断变化。所以,人的需求具有变化性的特征。

3. 需求与人性

人的需求和人性有着高度相关的联系。人性的善恶百态决定了人的需求特性。西方基督教文化认为,人性有"七宗罪",包括色欲、贪婪、懒惰、暴食、傲慢、暴怒、嫉妒。东方佛教文化认为,人性有"五毒四心",即贪、嗔、痴、慢、疑和嫉妒心、虚荣心、分别心、攀比心。从东西方两种文化对人性的总结来看,人性具有原始性、贪婪性、攀比性、懒惰性的特征。

(1) 原始性。

原始性是指人具有繁衍的生理需求。弗洛伊德认为,性冲动是人生命机制中最重要的动力因素之一。性意识深藏在人的潜意识和前意识之中,性欲不仅是人的生命力量源泉,也是人类文明的推动力量。纵观人类早期文化,东方和西方存世的文化遗迹和历史文物中都保留了大量体现生殖崇拜的文化符号,其中有些文化符号一直沿用至今。所以,原始性是人的一种具有生命本能的特征。

(2) 贪婪性。

贪婪性是指人对事物具有强烈占有的欲望。人本能地对空间、财富、知识、权力、地位、荣誉存在无限索取和控制的需求。有些人在睡觉前总喜欢上淘宝买东西,明明知道自己已经拥有很多类似的产品,但还是控制不住自己,总想买买买。有些人去吃自助餐,明明知道自己吃不完某些食物、拿多了会浪费食物,但还是会不断地去餐台取食物。此外,人的贪婪性还体现在人往往希望用最小的成本获取最大化的利益,面对事物总会产生贪便宜的心态。例如,某电商在某某节推出平台全场打折的优惠活动,很多用户会出于贪便宜心态,在平台规定的时间内疯狂抢购,结果等快递到家,因发现自己买了一堆并不急需的物品而感到后悔。这些用户觉得自己以后再也不会这么冲动消费了。可是一旦电商再度推出打折促销活动,当铺天盖地的广告出现在用户的手机之中时,这些用户还是会抵不住诱惑,又买一大堆东西回家。电商的这种手法屡试不爽,究其原因,电商抓住了人的贪婪特性。

(3) 攀比性。

攀比性是指人总喜欢拿自己所拥有的事物或能力去和他人做对比,希望通过对比,让自己在心理上获得一种优越感和自尊感。在对比的过程中,这个人若发现他人不如自己,则会觉得满足;若发现自己不如他人,则会无比失落。有些人玩网游就十分在意自己的游戏等级和排名是否比别人高,在乎自己的装备水平和皮肤妆容是否比别人好。这些人不惜重金,为游戏充钱,买装备、买技能,甚至花钱请人代练。有些人喜欢购买奢侈品,其实奢侈品在实用性上和普通产品并没有太大差别,但这些人出于攀比心,觉得自己能消费起奢侈品,自己的能力和趣味就远超他人。奢侈品成为这些人实现所谓身份和心理跃升的一种符号。

(4) 懒惰性。

懒惰性是指人对于个体性行动或组织性活动具有一种抵触、怠倦、散漫的行为和态度倾向。对于大多数人而言,在条件有利于自己的情况下,总会出现懒惰的行为,喜爱干简单的事情,避免麻烦。所以,交互设计师在做产品的交互设计时,要考虑到产品需简单易用、易于理解、易于记忆,让产品帮助用户更容易地完成事情。例如,共享单车这类APP让用户在"最后一公里"的行程中不用走路,可以骑车完成通勤。所以,交互设计师在设计产品时需要重点关注人的懒惰特性。

4. 需求与设计

从设计学出发,以需求为导向的产品设计理论有两种。第一种是满足用户需求的设计理论。满足用户需求的设计理论认为,产品的功能和服务设计要从用户的真实需求出发,抓住用户的真实需求,帮助用户解决问题,给予用户良好的产品体验。这是设计产品的重要目标。以应用为驱动的产品研发模式多采用此种理论。例如,MVP设计法认为设计者设计产品,要从用户的需求出发,遵循最小可行产品开发原则对产品进行快速开发。产品设计完成后,马上推向市场,通过产品调研,及时掌握用户对产品使用体验的反馈。如果产品的功能无法满足用户需求,设计师就马上对产品进行改进。设计师通过持续地迭代产品,最终让产品适应和满足用户需求。

第二种是以创造用户新的需求为导向的设计理论。这种理论认为,产品设计要为用户创造新的使用需求,打造新的用户场景,创造新的产品体验,引领新的消费潮流;应通过设计创新,创造一种全新的产品,开拓一个全新市场。以技术为驱动的产品研发模式多采用此种理论。

● 案例:黑莓手机的设计与用户需求

在苹果手机流行前,黑莓手机一度处于全球智能手机领域的霸主地位。由于黑莓手机采用全物理键盘输入方式和先进的手机电子邮件技术,因此用户可以采用键盘输入的交互方式,并利用移动互联网,实现电子邮件的快速转发。这一特色功能极大地满足了用户移动办公的需求,使得用户出行时无须再携带笨重的笔记本电脑,只需一部小巧的黑莓手机,便能轻松处理办公事务、进行商务沟通以及上网冲浪。此外,黑莓手机还以卓越的通信能力和强大的安全功能赢得了全球商务人士及高端用户的广泛青睐。

2007年,随着苹果公司首款智能手机iPhone 1的上市及其随后的热销,黑莓手机的销量遭受了巨大冲击。然而,黑莓手机的创始人之一迈克·拉扎里迪斯当时并未充分预见到即将降临的危机。他坚信黑莓手机是专为企业级商务人士和政府级高端用户量身打造的,这些用户关注手机的通话安全性、物理交互的专业性以及功能的实用性。在迈克·拉扎里迪斯看来,乔布斯把手机变为移动电脑操作平台的理念是错误的。乔布斯把手机通话置于次要地位,而把上网、娱乐、办公作为手机主功能,这种本末倒置的做法不符合用户需求,用户并不需要这些华而不实的功能。

从智能手机产业的发展趋势来看,迈克·拉扎里迪斯对用户需求的判断出现了错误。相较而言,苹果手机的设计理念更加符合移动互联网时代用户对智能手机的需求。苹果手机以创新的图形用户界面、流畅丝滑的触屏交互、精致美观的界面设计,以及丰富的苹果应用生态,为用户带来了前所未有的全新体验。苹果手机迅速成为全球时尚电子消费产品的代表。由于迈克·拉扎里迪斯错判了用户对智能手机的需求,黑莓手机完全失去了在手机业务中的领先优势,即使迈克·拉扎里迪斯在其后也推出了全屏幕的智能手机,但市场已经完全被苹果手机和三星手机控制,黑莓手机再也无力回天,最后只能退出智能手机市场,最终这个曾经风靡一时的手机品牌完全消失在大众视野之中。由此可见,对用户需求的准确洞察,不仅事关产品的生死,也关系到一个企业的存亡。

5.1.2.2 痛点

痛点是营销学的一个术语,是指用户的需求得不到满足,或者是用户在行动中遇到问题,再或者是用户对产品提供的服务不满意,由此用户产生一种痛苦、挫败或压抑的情绪。在体验经济时代,企业普遍重视产品的用户体验。企业一般都会从痛点的视角去提升产品的质量和使用体验,通过对用户痛点的调研和分析发现产品的机会点,创造新的用户价值,挖掘新的市场潜能。痛点分析法成为一种以问题为导向的产品开发研究方法。痛点分析法也广泛地运用于设计学的产品调研中。在设计学中,痛点分析主要聚焦于用户使用产品过程中遇到的问题,以及用户在生活、工作、学习中遇到的麻烦。

5.2 用户画像

5.2.1 用户画像的定义

"交互设计之父"艾伦·库伯(Alan Cooper)最早提出"用户画像"的概念。用户画像是从真实的用户行为中抽象出来的典型用户模型。交互设计师通过收集与分析消费者的社会属性、生活习惯、消费行为等信息,完整描述用户特征,为设计产品提供支撑性材料。互联网专家俞军指出,用户不是具体的生活中的人,而是通过用户分析方法构建出的典型用户的需求集合。用户画像的目的就是通过故事化的方法,分析典型用户的需求特征。

5.2.2 用户画像的要素

用户画像的构成要素包括用户等级、用户基本信息、用户行为、用户目标、用户故事、影响因素、语录和颗粒度。

1. 用户等级

根据与产品关系的强弱,角色通常可以划分三个等级:普通用户、重要用户、专家用户。普通用户是使用产品或使用服务频率一般的用户。普通用户对产品的依赖性不高,对产品的转化率贡献较小。重要用户是使用产品或使用服务频率较高的用户。重要用户对产品的依赖性高,活跃度高,对产品的转化率贡献较大。专家用户是深入了解产品性能和体验感觉的用户。他们在与产品互动的过程中活跃度高,对产品的发展可以提出建设性意见,可以发挥引导流量和推广品牌的作用。

2. 用户基本信息

交互设计师根据用户特征可以为角色取一个"真实"的名字,如李建设、孙怀远、李默涵。这样做会让角色更具真实感。交互设计师还可以用绘画的方式给用户画一个肖像,或者拍一张能反映角色特征的真人照片。交互设计师给角色设定基本属性,包括性别、年龄、身高、体重、职业、政治面貌、宗教信仰、业余爱好、性格特征等。例如,角色张小天是广告公司的一名业务员,26岁,男性,身高178 cm,体重65 kg,业余爱好是养花,在自家的阳台上打造了一个别致的花房。

3. 用户行为

用户行为是针对角色具体行为的描述,主要目的是分析目标用户的行为特征,对角色行为进行定义。例如,虽然张小天每天跑业务、见客户、谈项目,工作十分忙碌,但是每天下班回家后,他都会收拾一下自己的房间,然后整理心仪的花房。他的花房里有多种美丽的植物。他会给花房里的花草浇浇水,给花盆翻翻土,给花修修枝。看到了绽开的鲜花,他也会用手机拍照,把美图上传到朋友圈。打理花房成为张小天生活中重要的组成部分。交互设计师通过对张小天用户行为的描述,可以帮助团队成员更好地理解角色行为和心智模型。交互设计师对用户行为描述得越细腻,角色形象就越真实。

4. 用户目标

用户目标是指用户在一定时间内想要完成某件事情,或者通过使用某种产品达到某种生活状态。例如,张小天的花房已经种了月季、水仙、玫瑰、三角梅等,最近他想在花房增加一些多肉类植物,如唐印、新玉缀、红稚儿。他想通过种植这些多肉给花房带来丰富的色彩和质感。

5. 用户故事

用户故事是从用户的视角,描述用户渴望得到的事物或功能。它包括用户需要得到什么样的事物或功能,这种事物或功能可以给用户带来什么样的价值和意义。通常可以采用5W法来写用户故事。5W法,即将what(什么)、why(为什么)、who(谁)、when(何时)、where(哪里)五个问题进行组合,描述用户在什么地方,在什么时间,和谁发生了什么事情,以及用户为什么要做这件事情。例如,在高中时期,张小天和同学在科学老师的带领下去武汉植物园参观,老师给他们讲解了各种植物神奇的生长方式。张小天看到了植物园中各种争奇斗艳的植物,觉得这些植物太美丽了。这些植物让他感受到大自然的魅力。于是,他在心中种下了一个愿望,他希望自己长大以后,有了自己的房子后,可以给自己打造一个专属的花房。

6. 影响因素

影响因素是影响用户行为的要素,如环境、人物或事件。例如,有一天,张小天去一位同事的家里玩。他发现这位同事家里养了很多漂亮的多肉植物。这些多肉植物有着厚厚的叶片,展现出别样的质感:有的叶片温润如玉,晶莹剔透;有的叶片层层叠叠,色彩斑斓。这些多肉植物配上精美的彩瓷小盆,给人以静谧而深远的美感。于是,张小天也想在自己家的花房里种植多肉植物。张小天去同事家玩,看到多肉植物,于是他也想养多肉植物。这个事件是他将要养多肉植物的一个直接影响因素。

7. 语录

语录是用户最爱说的一句话。这句话可以是用户的口头禅或者是用户的座右铭。语录要反映角色性格和对世界的看法,是角色世界观、价值观和人生观的体现。例如,张小天非常喜欢一句话:“每一朵花的绽放,都是生命的独特诠释。”他认为人要善于发现和珍惜自我生命中的每一个瞬间,活出自己的精彩,就像花一样,绽放出自己独特的魅力。语录可以是用户对经历的最难忘、最快乐、最痛苦的情感的描述,也可以是用户对强烈渴望、十分需要的事物或者需求的描述。

8. 颗粒度

颗粒度表现用户画像的细腻与否的程度。颗粒度越细,对于用户的表现就越丰富、越深入、越立体;颗粒度越粗,对于用户的表现就越单调、越概括、越浅显、越平面。颗粒度的粗细主要由投入的时间和成本决定,颗粒度的粗细决定了用户画像的质量。

5.2.3 用户画像的设计

在设计用户画像时,交互设计师需要注意用户画像的真实性、故事性和颗粒度。真实性是指交互设计师要以大量的用户调研为基础,从用户真实案例出发,设计用户模型,分析用户行为,研究用户需求,不能凭空捏造。故事性是指交互设计师要以故事化的叙事方式,进入角色的内心世界,以用户的视角,感受用户的真实需求,为产品的功能定义做好前期准备。颗粒度决定了用户画像的质量,交互设计师在成本允许的情况下,要尽可能做到用户画像颗粒度的细腻化。

● 案例 1:智能阳台农场 APP 用户画像的设计

学生:夏澜心、焦琨璇、谢文、谢颖欣、程乐。

智能阳台农场是专门为居住在城市,并且有种植农作物爱好的用户精心打造的一款功能性 APP。这款 APP 支持远程监控,用户可以随时掌握农作物的生长状态。这款 APP 将帮助用户种植各种农作物,让人人都可以拥有自己的专属家庭阳台农场。

智能阳台农场 APP 用户画像的设计如图 5.1、图 5.2 所示。

用户画像

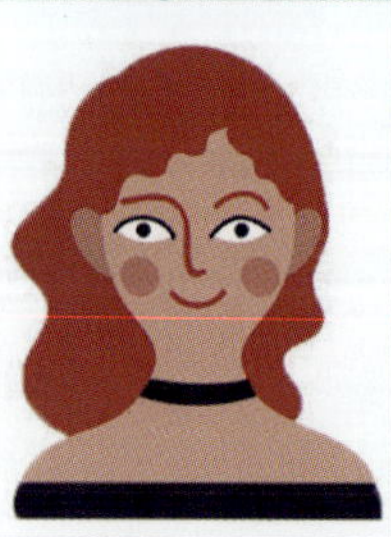

姓名:林有

生活态度:生活是需要一点调味剂的,可以适当陶冶情操,增添生活乐趣。

年龄:29岁	籍贯:四川省泸州市
民族:汉族	政治面貌:群众
宗教信仰:无	最高学历:本科
工作:宝妈	收入:0
现居地:湖南省怀化市	喜好:刷小视频,养小动物,做饭

差异提炼:家庭主妇,要照顾孩子,比较忙,大部分时间都在家里,所以觉得生活很单调,需要来点点缀给自己带来好心情,但是自己又不想分出精力去学习相关知识。

行为描述:因为待在家里的时间很多,想要给家里带来点绿色,但是自己每天做完家务后只想休息,不想额外分出很多精力去了解栽培知识,也担心养不好,所以一直是空想。有天刷视频时正好看到了智能阳台农场APP,感觉很省心,想去尝试。

用户目标(痛点):想在阳台养些植物,却发现因为没有经验无从下手,但是每天很忙,不想花额外的时间去学习相关知识。

影响环境:生活的影响,以及刷视频时大数据的推送。

图 5.1 智能阳台农场 APP 用户画像的设计(一)

用户画像				
	姓名：张宇	年龄：36岁	籍贯：江苏省淮安市	
		民族：汉族	政治面貌：党员	
	生活态度：精密的设备就像一件艺术品一样，值得人们去呵护。	宗教信仰：无	最高学历：研究生	
		工作：白领	收入：月薪8000元	
		现居地：江苏省淮安市	喜好：看书，养花，研究设备	

差异提炼：喜欢研究设备的成年男性，注重培养爱好，也喜欢养植物，对于种植和相关设备都有所了解，但是每天白天都要上班，没办法时时刻刻照看植物，能使用设备的时间又过少。

行为描述：本身就喜欢养植物，一直想将设备和种植结合起来，但是每天白天都要去上班，担心无法及时调整设备，希望能有一个可以远程操控种植的设备，与同事聊天时也会谈到这一话题。

用户目标（痛点）：空闲时间少，喜欢研究设备，但是在种植上无法时刻看护，不能根据作物及时调整设备，所以希望能随时了解到作物情况，并且远程控制设备，给作物营造好的生长环境。

影响环境：自身的爱好以及同事的推荐。

图 5.2　智能阳台农场 APP 用户画像的设计（二）

● 案例 2：喵轻控卡 APP 用户画像的设计

学生：孙晓慧、唐彦祺、徐程慧、钱玛利雅。

喵轻控卡是一款创新性的公益 APP。该产品旨在通过轻断食和领取积分的方式，让用户在实现健康生活的同时，积极参与到救助流浪动物的公益事业中。该产品的特色在于提供社交功能，用户可以在社区内分享自己的轻断食经验和救助流浪动物的故事，结交志同道合的朋友，共同推动公益事业的发展。

喵轻控卡 APP 用户画像的设计如图 5.3 至图 5.5 所示。

用 户 画 像				
	姓名：肖思佳	年龄：26岁	现居地：上海市	
		民族：汉族	政治面貌：共青团员	
	生活态度：该吃吃该喝喝，每天都像小太阳。	宗教信仰：无	最高学历：本科	
		工作：艺术设计	收入：月薪8000元	
		籍贯：江苏省徐州市	喜好：画画，养花，养狗	

差异提炼：喜欢宅家追剧、看小说，喜欢和朋友逛街、聚会、旅游，养了两猫一狗，但是生活不规律，晚睡晚起，假期容易暴饮暴食，遇到喜欢的人有点怯懦。

行为描述：想要规律生活、减脂瘦身，想要一款可以每天监督自己吃饭、睡觉、健康减脂的APP，喜欢小动物，被APP中积分转为流浪动物救助基金吸引。

用户目标：每天提醒自己健康饮食，通过合理食用轻食达到减脂效果，勇敢面对喜欢的人，用自己的一些力量帮助流浪动物，关注流浪动物信息。

影响环境：朋友、同事的推荐，社区爱狗人士的分享。

图 5.3　喵轻控卡 APP 用户画像的设计（一）

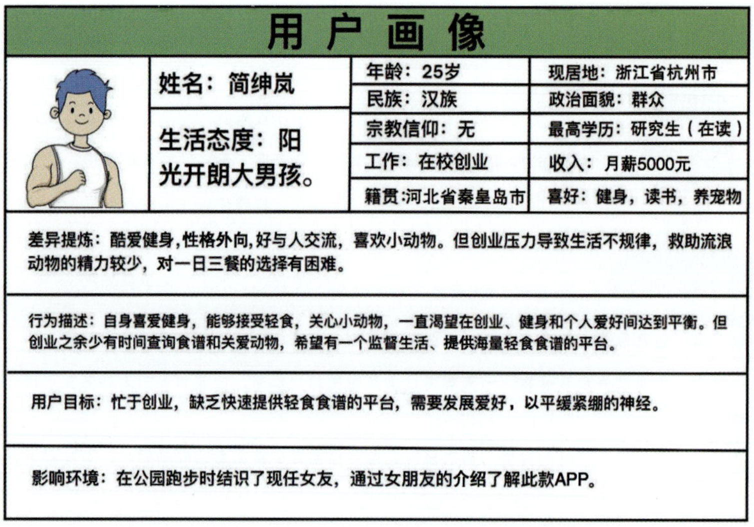

图 5.4　喵轻控卡 APP 用户画像的设计(二)

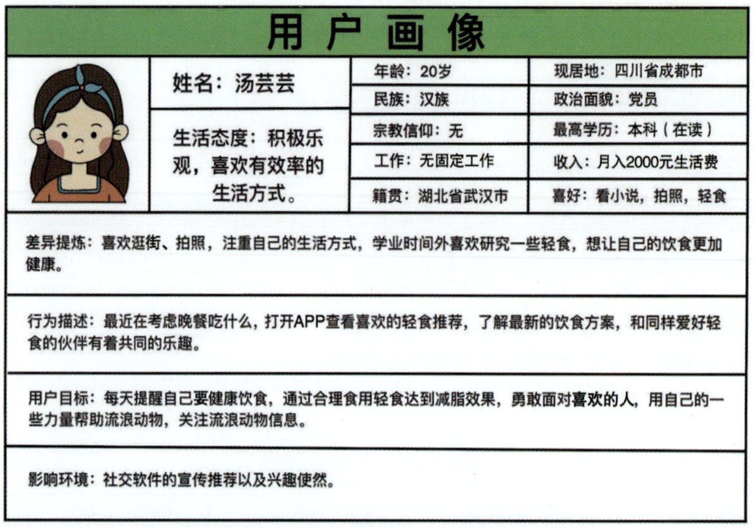

图 5.5　喵轻控卡 APP 用户画像的设计(三)

5.3　用户场景

故事：小明是某农业大学大二的学生，下课放学在操场上打了半个小时的篮球。之后，他去食堂吃晚饭。随后，他回到宿舍。宿舍里其他的室友还没有回来，他洗了澡，洗了衣服，接着整理了宿舍。忙完了，他拉开椅子坐在桌前，打开笔记本电脑，点开了QQ。小明进入了"智慧农业"课程学习群，查看最新的作业信息。他一边查看信息，一边吃着薯片、喝着可乐。

小明的故事采用典型的场景叙事方式，即通过对用户在场景中的行为描述，用第三人称的视角，通过叙事式的描述方式，形象地呈现场景的情境。这种叙事方式有助于交互设计师深入地分析用户需求，总结和归纳用户行为和心理特征。这种以场景为背景的叙事情境被称为用户场景。

5.3.1 用户场景的定义

在交互设计领域,用户场景的概念最早由约翰·卡罗尔(John Carroll)提出。他认为:"场景能够针对多种不同的目的,描述各种细节的情况,有助于协调所设计项目的各个方面。"[1]卡罗尔认为,场景是构成交互系统的一种重要情景。不过,卡罗尔忽视了人物画像在场景中的作用。

艾伦·库伯发现了用户画像在用户场景设计中的重要作用。他认为,场景必须由人物模型来支撑,人物活动和需求构成了产品或服务的目标。交互设计师通过场景化叙事,以故事为依托,展开对用户和产品的互动关系研究,"故事从人物模型的角度描述一种理想的体验,聚焦于人及其思考和行为方式"[2]。

场景是用户需求发生的时空情境,用户的特定需求和特定痛点发生在特定的场景之中,场景决定了产品的基本功能和使用氛围。用户场景是以故事化的叙述方式,以图像化或影像化的表达方式,去描述、分析、想象用户使用产品的真实状态和目标愿景的情境。这种形式有助于产品经理和交互设计师为解决用户痛点提供前期准备方案。

5.3.2 用户场景的要素

用户、环境、时间构成了用户场景三要素。用户是产品的使用者,用户的性别、性格、身份、年龄、爱好、家庭出身、生活习惯、教育背景、政治立场、宗教信仰对用户的行为有着构成性的影响。环境因素是场景时空背景要素之一,是用户行动的空间背景。环境决定用户行动的自由度,环境的大小、好坏对用户使用产品时的情绪产生影响。时间因素是场景时空背景要素之一,是用户行动的时间背景。

5.3.3 用户场景的类别

在交互设计过程中,交互设计师可以通过构建场景描述用户使用产品的情景。交互设计师可以按照用户解决需求前和解决需求后两阶段,把场景分为客观场景和目标场景。

5.3.3.1 客观场景

客观场景是交互设计师在产品前期调研过程中,通过对用户现状的调查,运用用户画像,表现用户现有的某种不良生活状况、用户生活中的麻烦境遇,或用户在使用产品过程中产品不如人意的功能给用户造成的困扰。交互设计师把这些问题以文字的方式,通过故事化的叙述进行呈现。交互设计师构建客观场景的目的是发现用户痛点,寻求产品机会点。

● **案例:家庭智能农场 APP 客观场景**

王佳明是一名银行工作人员,今年28岁。王佳明家里的阳台比较大,采光性能比较好,他想在阳台种植一些蔬菜和瓜果,一来可以吃一些有机的青菜和瓜果,二来也可以让阳台空间有一些绿意。于是,他买来一大堆盆盆罐罐、土壤肥料、种子幼苗,开始了他的种植计划。不过,由于他朝九晚五地上班,每个月还有出差任务,他没有太多的时间打理和照料蔬菜和瓜果。由于浇水不及时、枝叶修理不合理、肥料添加量不精确,这些蔬菜和瓜果要么干枯而死,要么只长叶不结果。

---

[1] 艾伦·库伯,等.About Face 4:交互设计精髓[M].倪卫国,刘松涛,薛菲,等译.北京:电子工业出版社,2015:85.
[2] 艾伦·库伯,等.About Face 4:交互设计精髓[M].倪卫国,刘松涛,薛菲,等译.北京:电子工业出版社,2015:85.

5.3.3.2 目标场景

目标场景是解决客观场景的结果,是改进策略和解决方案得以实现的场景。在客观场景基础上,交互设计师可以通过设计方案解决用户痛点,满足用户需求。

● **案例:家庭智能农场 APP 目标场景**

王佳明在论坛里偶然看到家庭智能种菜的一个帖子。该帖子说有一款家庭智能农场 APP,它可以为家居生活提供智能种菜和瓜果的解决方案。该 APP 提供智能视觉识别功能,可以分析用户家居空间,并提出种养蔬菜和瓜果的解决方案。该 APP 的商城提供各种智能种养设备,这些温度传感器、空气湿度传感器、土壤干湿传感器、土壤营养传感器、光线传感器可以感知种养环境的实时变化,并且把数据传递给控制设备,从而调节蔬菜和瓜果的水分、营养和湿度供给。这些数据也会传递给 APP,让用户知晓并随时对设备进行调控。自从使用了家庭智能农场 APP 和智能种养系统,王佳明再也不用花太多精力去打理这些蔬菜和瓜果了。在自家的阳台上,王佳明收获了小白菜、上海青、空心菜、青椒、西红柿等,吃上了自己种植的有机食物。

5.3.4 用户场景故事板

5.3.4.1 用户场景故事板的定义

故事板是用一系列图片或照片来表现用户故事,如图 5.6、图 5.7 所示。故事板原本是动画或者电影工作人员进行动画影视前期设计时采用的一种分镜图,以故事化、视觉化、镜头化的方式表现角色的变化和剧情发展。这种创作方式也被广泛地运用于设计领域。用户场景故事板的主要目的是用可视化方式表达出设计师初步的想法,通过这种情景化的方式让更多的人参与到产品分析论证中,为产品寻找创意灵感。

图 5.6 多肉开啦 APP 用户场景故事板

学生:晏诗怡、厉睿祎、王璟

多肉开啦 APP 用户场景故事板视频演示 1　　　多肉开啦 APP 用户场景故事板视频演示 2

图 5.7 归田 APP 用户场景故事板

学生：林怡欣、夏雨微、毛诺亚、燕萌

归田 APP 用户场景故事板视频演示

5.3.4.2 用户场景故事板的设计

用户场景故事板可以使用分镜头的表现方式,在纸面上一格格画出产品中的重要事件,也可以使用真人实拍场景方式。用户场景故事板可以使用静态图片的方式呈现,也可以把图片动态化,用动画的形式加以呈现。通常交互设计师设计用户场景故事板分为三个步骤:第一步,以文字的形式描述客观场景和目标场景;第二步,用图像的形式展现客观场景和目标场景;第三步,用动画的形式展现客观场景和目标场景。

在设计用户场景故事板时,交互设计师需要注意故事叙事的完整性和易理解性。叙事的完整性是指交互设计师在设计图像版或者动画版的故事时,要做到叙事完整,故事需要包括客观场景和目标场景要素。易理解性是指交互设计师在运用视听语言时,要注意叙事表达的清晰性,讲述故事要让团队成员看得懂,易于他人理解。

● **案例:捷测 APP 用户场景故事板设计**

捷测 APP 用户场景故事板视频演示

学生：孙仪 、李伟辰、谢杨城

捷测是以服务于水域治理为主,以农业购物、湖泊科普、治理求助为辅的 APP。该产品主要帮助渔民解决水域精准检测预警等问题,从而推动湖泊水域保护事业的发展。

捷测 APP 用户场景故事板如图 5.8、图 5.9 所示。

图 5.8 捷测 APP 用户场景故事板(一)

图 5.9 捷测 APP 用户场景故事板(二)

5.4 产品分析

5.4.1 产品分析的定义

产品分析是用高度概括的文字对产品的目标用户、产品定位、产品模式、商业模式、盈利模式、产品功能、产品体验进行描述,为后续的流程设计、信息架构、页面设计、程序编写、产品迭代等提供总体的设计需求框架。

5.4.2 产品分析图的要素

产品分析图是以图表的形式呈现产品总体设计需求的图表。它的要素包括目标用户、产品模式、商业模式、盈利模式、产品功能、体验模式。目标用户描述产品服务的目标人群。产品模式主要描述用户需求类型、产品对象类型、产品平台类型等信息。商业模式主要描述产品经营的战略方式。常见的商业模式有广告模式、电商模式、付费模式、免费模式、共享模式等。盈利模式描述产品收入来源或利润产生方式,如广告费、会员费、竞价排名费、增值服务费、佣金费、商务活动费等。产品功能描述产品的基本功能、服务内容和差异特征,如产品提供即时通信服务,或产品提供移动社交服务,或产品提供图片美化的服务。体验模式是对产品的服务体验的基本描述,如轻体验、重体验、商务体验、生活体验、客户体验、用户体验等。

智能阳台农场 APP 产品分析图如图 5.10 所示。

产品名称	目标用户	产品模式	商业模式	盈利模式	产品功能	体验模式
智能阳台农场	城市白领,25~40岁,中高收入人群	B端产品、移动端产品	免费	增值服务费、广告费	智能种养、远程监控、电子商城	轻体验

图 5.10 智能阳台农场 APP 产品分析图

第 6 章 产品设计

6.1 流程设计

6.2 信息架构

6.3 原型设计

6.1 流程设计

6.1.1 流程设计的定义

流程设计是根据用户场景的情境,设计用户为了达到某个目的所需要经历的操作和步骤。

用户在银行 ATM 机上取钱一般会经历如图 6.1 所示的步骤:首先,插卡;接着,输入密码;然后,选择服务类型;其后,选择取钱;再后,输入金额;接着,确认;再接着,取到纸币;最后,退卡。

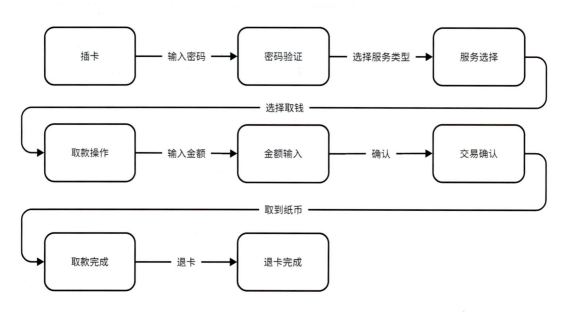

图 6.1　在银行 ATM 机上取钱的流程

按照上述流程,用户通常可以完成取钱任务,不过由于种种原因,有些用户会出现取了钱,但是忘记取卡的情况。交互设计师要尽量考虑用户可能会出现问题的情况,在流程设计上合理地设计任务节点,避免用户出错。例如,在取钱的流程中,把退卡步骤提前到取钱之前,用户确认拿到卡之后,ATM 机再出钞,如图 6.2 所示。这样就可以避免用户忘记取卡的情况。

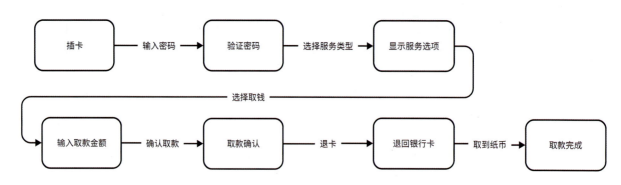

图 6.2　改进后的在银行 ATM 机上取钱的流程

流程设计决定了用户使用产品的过程,也决定了产品基本业务流程和服务流程。合理的流程设计可以提高产品的易用性、可用性、有用性。它不仅让产品功能形成闭环,也为用户带来实用、高效、便捷、舒适的使用体验。

6.1.2 流程设计的分类

6.1.2.1 从功用角度分类

从功用角度分类,可以把流程分为业务流程、功能流程、页面流程。

1. 业务流程

业务流程描述管理系统内各单位、人员之间的业务关系、作业顺序和管理信息流向。业务流程图是描述完整的业务流程,以及业务处理过程的图表。业务流程图一般用泳道图表现,通常纵向表示角色。如果部分业务过程已在其他系统实现,则可以在泳道图上增加横向泳道,表现不同系统业务之间的关系。

如果业务流程比较复杂,则可以绘制多级流程图,进一步描述业务情况。

业务流程图示例如图 6.3、图 6.4 所示。

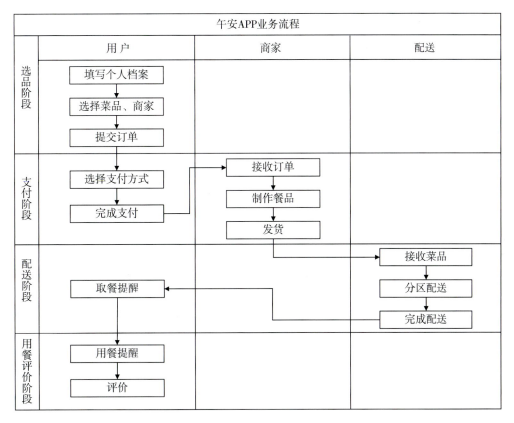

图 6.3 午安 APP 业务流程图

学生:严鑫悦、肖亚楠、李桢、陈炫

2. 功能流程

功能流程也可称为操作流程,是用户完成某一任务的过程,或者是用户使用产品的操作过程,或者是用户享受服务的体验过程。功能流程图一般用流程框架图表示,图形和图形内的文字表示流程节点,箭头图标表示流程走向。

功能流程图示例如图 6.5 至图 6.7 所示。

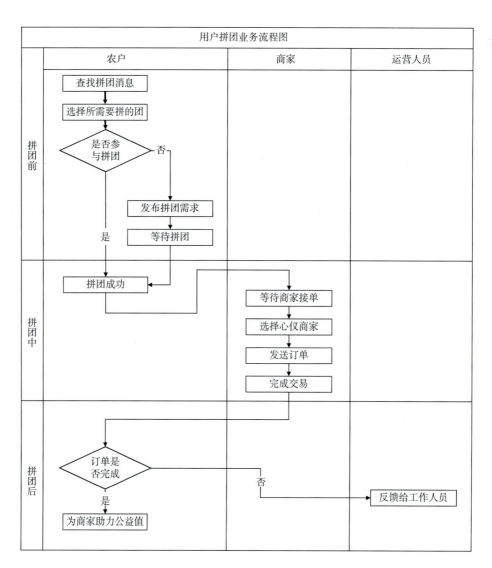

图 6.4 金元宝 APP 业务流程图

学生：徐颖莹、王诗怡、汪旭、邓智

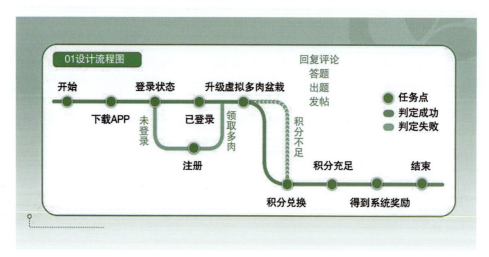

图 6.5 多肉开啦 APP 功能流程图

学生：晏诗怡、厉睿祎、王璟

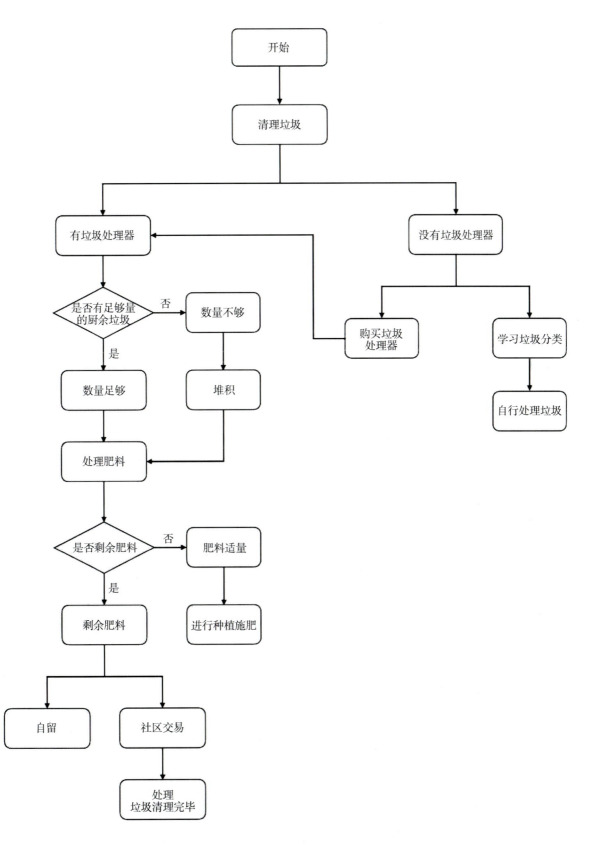

图 6.6 厨余二次方 APP 功能流程图
学生：袁天昊、叶桂萍、张金津、江智钰

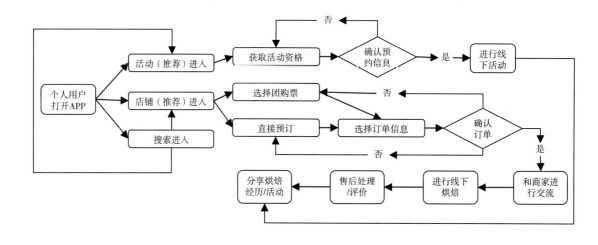

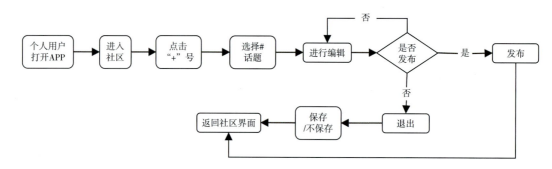

图 6.7 焙友吧 APP 功能流程图

学生：李天、钟珍、陈安琦

3. 页面流程

页面流程描述用户完成某一任务所需点击页面的过程，以及页面与页面的链接关系。页面流程图是描述产品功能实现路径的图表。页面流程图的绘制方式比较多样，既可以用低保真静态页面，也可以采用高保真静态页面，并通过箭头线的连接，表示页面与页面的链接关系。

页面流程图示例如图 6.8、图 6.9 所示。

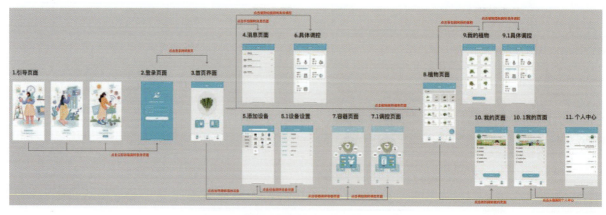

图 6.8 智能阳台农场 APP 页面流程图

学生：夏澜心、焦琨璇、谢文、谢颖欣、程乐

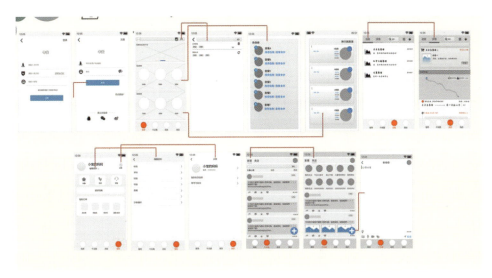

图 6.9　午安 APP 页面流程图

学生：严鑫悦、肖亚楠、李桢、陈炫

6.1.3　产品流程图设计

在设计产品的流程图时，交互设计师必须理解产品业务流程和运营模式，明确产品核心功能的任务主线，认真分析用户需求，充分理解业务需求和用户需求之间的联系。交互设计师需要明确用户使用产品的路径，寻找用户触点。交互设计师可以在用户体验地图的基础上，梳理使用路径上的用户触点，选择关键触点，优化触点的先后顺序和级别权重，把用户触点转化为产品的任务流程。

设计产品流程图时，交互设计师还需要注意任务流程的简洁性、容错性、易理解性和易记忆性。所谓简洁性、易理解性和易记忆性，是指任务流程的设计要让用户觉得简单，操作起来易于上手，产品的使用流程符合用户的日常生活经验，符合用户的使用习惯，流程易于用户理解和记忆。容错性是指交互设计师要考虑用户在操作 APP 时可能会出现的错误，设计异常流程处理机制，减少用户操作失误带来的损失。

● 案例：橘子园 APP 流程设计

学生：陈晓璇、刘星宇、李睿桐。

橘子园是一款帮助农业从业人员进行规范化、智能化农业种植管理的 APP。本产品基于智慧农业、农业物联网技术，通过远程监管农业设施设备，实现地块分类管理、实时查看、专家咨询等功能。

橘子园 APP 功能流程图如图 6.10 所示，页面流程图如图 6.11 所示。

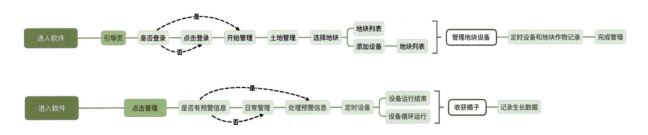

图 6.10　橘子园 APP 功能流程图

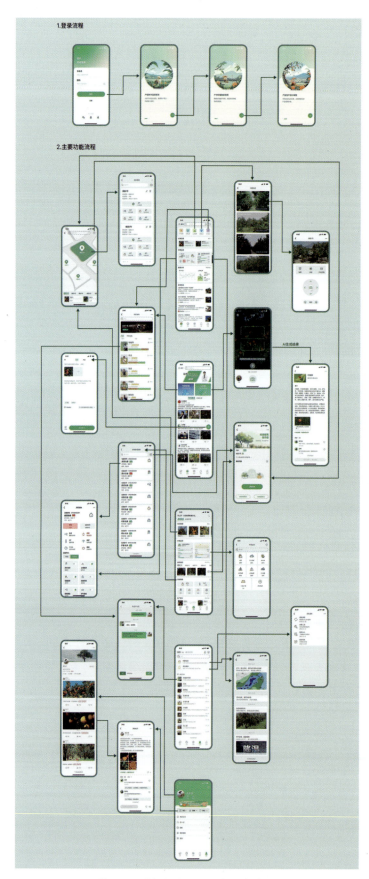

图 6.11 橘子园 APP 页面流程图

6.2 信息架构

6.2.1 信息架构的定义

在交互设计中,"信息架构"一词源于信息学的"信息构建"(information architecture,IA)的概念。"信息架构"这个概念是美国建筑师理查德·索尔·沃尔曼(Richard Saul Wurman)于1975年提出的。1976年,他担任美国建筑师协会全国会议主席时,把"The Information Architecture"作为该协会年会的主题。他认为,信息架构就是让信息变得容易理解,通过创建信息结构或地图的形式,使复杂烦琐的信息变得简单明了,便于迅捷使用。

从信息学的视角来看,信息架构理论强调科学与艺术的融合、理性与感性的融合、技术与审美的融合,重视与设计学科的交叉,关注用户的使用体验,强调信息建构的人文关怀。在交互设计中,信息架构的内涵是基于任务流程,对产品的信息结构进行设计。它包括对产品框架、功能布局、信息分类、页面层级、导航方式、搜索方式的设计。

6.2.2 信息架构的类型

信息架构的组织结构包括层级结构、自然结构和线性结构。

6.2.2.1 层级结构

层级结构是一种自上而下的树形结构。它是信息架构设计中经常使用的结构方式。层级结构呈现出上下从属和包含关系(也可以称为父子关系),每层的子项与子项为并列关系。在生活中,层级结构随处可见。

单层级结构如图6.12所示,多层级结构如图6.13所示。

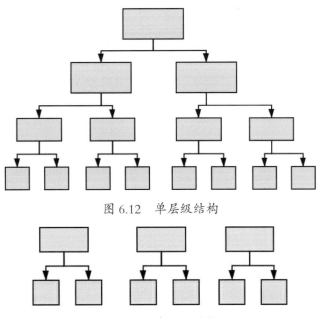

图 6.12 单层级结构

图 6.13 多层级结构

层级结构一方面可以帮助用户理解对象的结构和关系,另一方面也便于用户查询所需的内容和功能。例如,人们去超市买苹果,如果货物乱排乱放,人们很难找到自己所需的商品;如果商家把货物按层级分类,人们就能很快地找到需要的苹果,如图6.14所示。

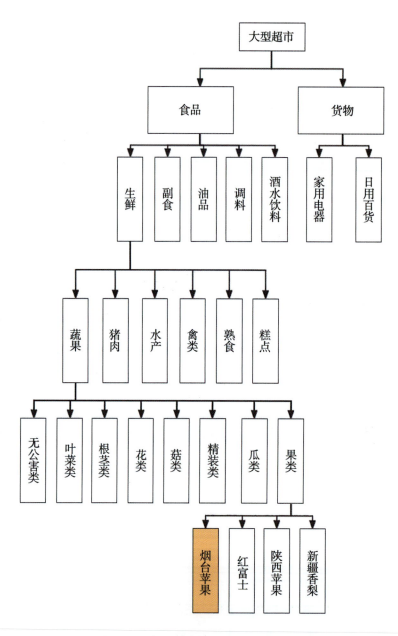

图 6.14 大型超市货品摆放层级结构图

在运用层级结构时,设计者要高度重视层级结构的广度和深度的平衡性。广度是指子层级的节点数量,深度是指父层级到子层级的层级数量。

通常层级结构会呈现出三种形式:窄而深的结构、宽而浅的结构、平衡的结构。

1. 窄而深的结构

窄而深的结构在每一层级上设置的节点数量少。这种结构对用户的信息负载小,便于用户识别和获取信息。但是由于增加了层级数量,因此层级结构深,用户需要执行更多的操作,才能到达所需的节点。窄而深的结构有易识别、难操作的特点。

窄而深的结构如图6.15所示。

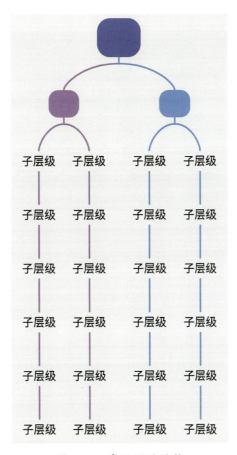

图 6.15　窄而深的结构

2. 宽而浅的结构

宽而浅的结构在每一层级上设置的节点数量多,对用户的信息负载大,不便于用户识别和获取信息,但是由于减少了的层级数量,因此层级结构浅,用户只需完成较少步骤,就能达到所需的节点。宽而浅的结构有易操作、难识别的特点。

宽而浅的结构如图 6.16 所示。

图 6.16　宽而浅的结构

3. 平衡的结构

平衡的结构在层级节点的广度和层级结构的深度上较为均衡,有易操作、易识别的特点,但缺少倾向性。平衡的结构如图 6.17 所示。

设计者在运用这三种结构时,要考虑用户的使用场景。在处理信息分类的场景下,可以采用第一种层级结构;在处理实现功能的场景下,可以采用第二种层级结构;在处理复杂任务的场景下,可以采用第三种层级结构。设计者要针对具体场景,充分地考虑识别性和操作性的平衡,灵活地处理层级结构的广度和深度的关系。

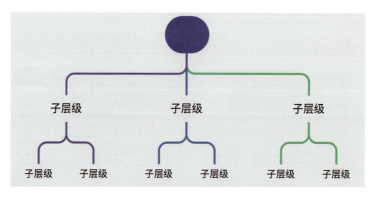

图 6.17 平衡的结构

通常设计者进行层级结构设计时,可以采用自上而下的推演法,从父级层级推演出子级层级。设计者还可采用从下到上的归纳法,从子层级归纳出父级层级。

6.2.2.2 自然结构

自然结构是一种复杂结构,信息节点之间交错连接,是一种高度非线性化的信息连接方式。该结构适用于轻架构产品,便于用户自由探索、随机发现和进行发散式浏览。自然结构通常按层级、非层级或者两者并用的方式连接。在这种结构中,信息是通过关系松散的节点连接的。自然结构可以起到文本、数据、图像、视频和音频的超链接功能。它不会作为主要的组织结构方式,通常被用于层级结构的补充结构。比较通常的做法是,设计者先设计信息层级结构,再以自然结构进行补充,使单元层级结构之间的连接更为灵活。

6.2.2.3 线性结构

线性结构是一种极端简化的信息结构,按任务流程顺序,依次地排列信息。层级信息不能跳转,只能依次执行操作。线性结构通常应用在规定操作模块之中,如资料填写、注册流程、节点流程、提示任务等。用户只需按提示依次处理信息,不能进行层级的跳转和连接。如图 6.18 所示,线性结构操作顺序是连贯的,仅沿一条主线进行顺次操作。在进行线性结构设计时,设计者不仅要考虑节点前后的逻辑关系,还要考虑节点顺序与任务流程相一致。

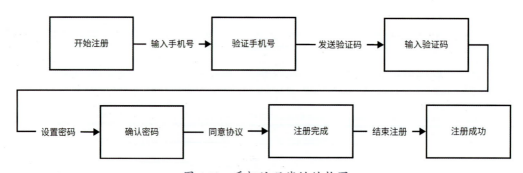

图 6.18 手机注册线性结构图

6.2.3 产品信息结构图

信息架构的产出物是产品信息结构图。产品信息结构图是综合展示产品信息和功能逻辑的图表,是产品原型的结构化表达。它以脑图的形式呈现,能够在前期的需求评审中作为产品原型的替代物,能够快速对产品功能结构进行增、删、改操作,减少前期设计过程中的成本。产品信息结构图包含页面信息、页面功能、页面交互、页面按钮跳转流程。

产品信息结构图示例如图 6.19 至图 6.22 所示。

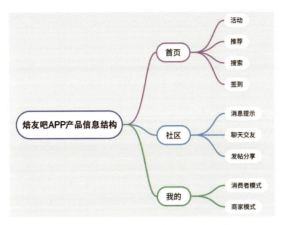

图 6.19　焙友吧 APP 产品信息结构图

学生：李天、钟珍、陈安琦

图 6.20　厨余二次方 APP 产品信息结构图

学生：袁天昊、叶桂萍、张金津、江智钰

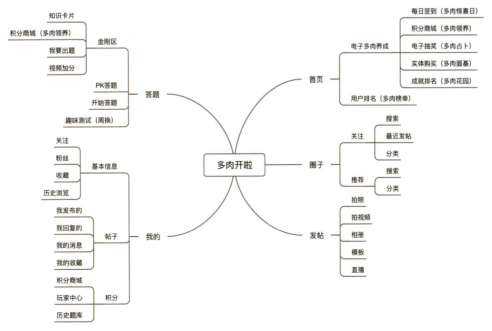

图 6.21　多肉开啦 APP 产品信息结构图

学生：晏诗怡、厉睿祎、王璟

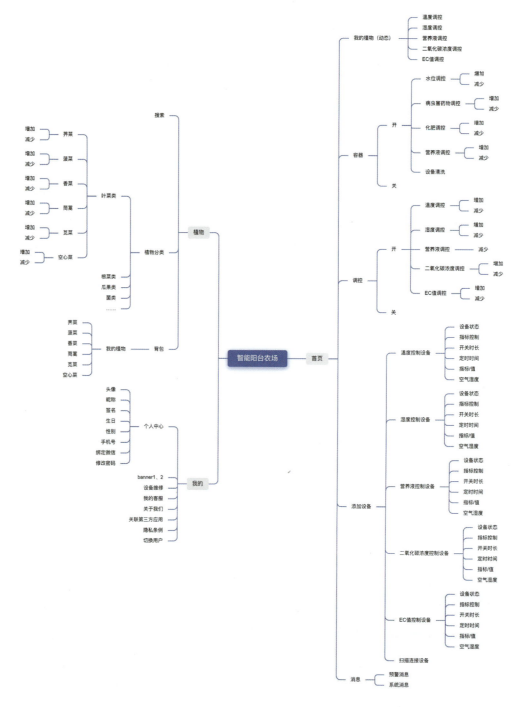

图 6.22 智能阳台农场 APP 产品信息结构图

学生：夏澜心、焦琨璇、谢文、谢颖欣、程乐

6.2.4 产品信息结构图设计

设计产品信息结构图时，交互设计师应该充分运用逻辑化的设计思维，用结构化、系统化、标准化的方式进行设计构思。产品信息结构图应具有清晰、美观、易理解、易操作的特征。清晰是指信息结构组织的层级关系明确；美观是指信息界面的形式给人以赏心悦目的感觉；易理解是指信息的组织结构和流程运作方式易于用户理解；易操作是指流程的实现和产品功能的控制易于用户操作。

● 案例1：FARMWORK APP产品信息结构图

学生：张芷雯、凡子翔、伍思梦。

FARMWORK APP以预约功能为主要功能，同时提供多人拼单、任务盲盒、云养殖、社区交流等服务。该产品加入盲盒、云养殖等新模式，从而实现项目盈利，助力农业教育和公益事业的发展。

FARMWORK APP产品信息结构图如图6.23所示。

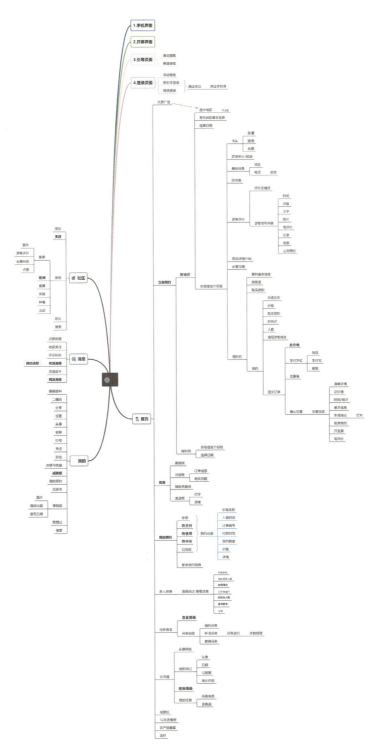

图6.23　FARMWORK APP产品信息结构图

● 案例 2：种地吧 APP 产品信息结构图

学生：费颖轩、伍薇、殷嘉仪。

种地吧 APP 是一款农业类模拟经营游戏 APP，提供种植服务。在该 APP 中，用户拥有自己的田地，田地可用以种植不同的农作物，并且用户有摇骰子玩游戏的机会，还可以参加科普问答。在种地吧 APP 里，用户可以随时随地进行各种水果的种植，如果结出果实，则用户可以免费领水果，并享受包邮送到家服务。

种地吧 APP 产品信息结构图如图 6.24 所示。

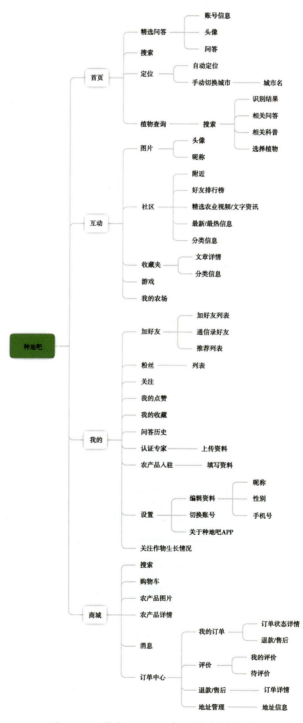

图 6.24 种地吧 APP 产品信息结构图

6.3 原型设计

6.3.1 原型设计的定义

原型设计是由交互设计师设计完成产品的原始模型,是将产品设计需求转化为视觉图像的过程。原型是产品上架之前的一个展示模型。原型设计起到了衔接设计创意与程序编写的作用。交互设计师可以使用原型,形象地展示产品的最终形态。原型可以帮助研发人员及时发现问题,提前识别漏洞,寻找创意灵感,发现产品机会点,及时调整产品的生长方向。原型设计对于提高产品的开发效率、降低产品研发成本有着重要作用。

6.3.2 原型设计的类型

产品原型大致可以分为三类:纸质原型、低保真原型和高保真原型。

6.3.2.1 纸质原型

纸质原型是用笔和纸完成的原型,通常应用于项目前期设计阶段。交互设计师使用纸质原型,可以快速地记录创意灵感和设计想法。纸质原型成本低、使用灵活,而且交互设计师使用纸质原型可以有效地与他人实现设计沟通。

多肉开啦 APP 纸质原型设计图如图 6.25 所示。

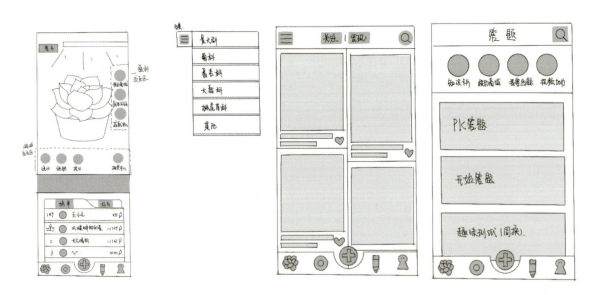

图 6.25 多肉开啦 APP 纸质原型设计图
学生:晏诗怡、厉睿祎、王璟

6.3.2.2 低保真原型

低保真原型又被称为线框模型,交互设计师通过 Photoshop、Axure、Adobe XD、Figma、即时设计等软件设计出产品原型的线框框架。设计低保真原型的主要目的是,在较短时间内,完成产品结构设计、界面设计、动效设计,用于给开发团队展示,并便于快速修改方案,形成创意。

低保真原型设计图如图 6.26、图 6.27 所示。

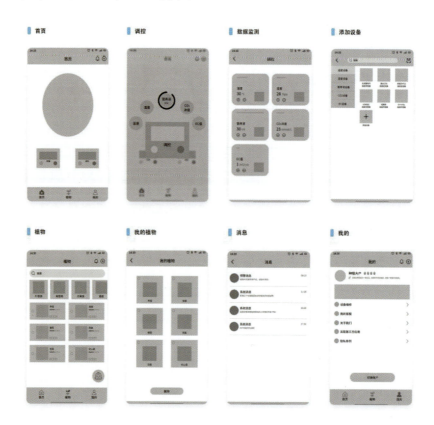

图 6.26　智能阳台农场 APP 低保真原型设计图

学生：夏澜心、焦琨璇、谢文、谢颖欣、程乐

图 6.27　厨余二次方 APP 低保真原型设计图

学生：袁天昊、叶桂萍、张金津、江智钰

6.3.2.3 高保真原型

高保真原型是接近最终程序形态,具有高仿真性、互动性的模型。设计高保真原型的主要目的是演示产品功能,以方便开发人员进行用户测试。用户可以像使用真实产品一样完成对原型的测试,如导航浏览、数据输入、信息查询、数据浏览、页面跳转、动效展示、按钮测试等。交互设计师通过此种测试,可以节约产品研发成本。交互设计师通常使用 Axure、Adobe XD、Figma、即时设计等软件设计高保真模型。

高保真原型设计图如图 6.28 至图 6.35 所示。

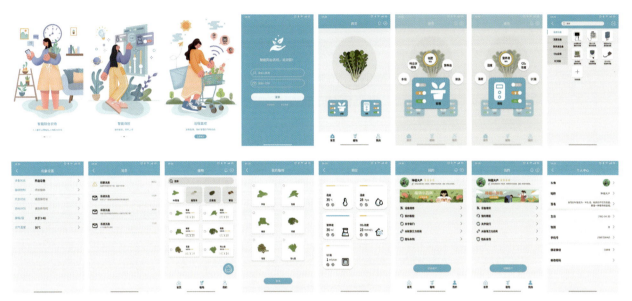

图 6.28　智能阳台农场 APP 高保真原型设计图

学生：夏澜心、焦琨璇、谢文、谢颖欣、程乐

图 6.29　厨余二次方 APP 高保真原型设计图(一)

学生：袁天昊、叶桂萍、张金津、江智钰

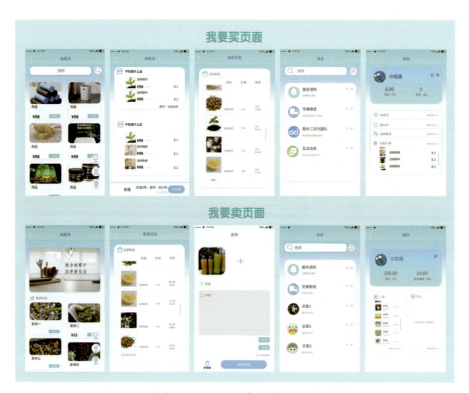

图6.30 厨余二次方APP高保真原型设计图(二)

学生：袁天昊、叶桂萍、张金津、江智钰

6 INTERFACE INTRODUCTION
界面介绍

首页子页： 多肉榜单：实时更新用户积分，激发用户打榜欲望

多肉之家：积分兑换，利用APP内奖励机制兑换

多肉领养：购买商城，增加商家入驻率，实现盈利

多肉花园：成就中心，养殖满级的多肉放在橱窗展示

图6.31 多肉开啦APP高保真原型设计图(一)

学生：晏诗怡、厉睿祎、王璟

图 6.32　多肉开啦 APP 高保真原型设计图（二）
学生：晏诗怡、厉睿祎、王璟

图 6.33　多肉开啦 APP 高保真原型设计图（三）
学生：晏诗怡、厉睿祎、王璟

图 6.34　多肉开啦 APP 高保真原型设计图（四）

学生：晏诗怡、厉睿祎、王璟

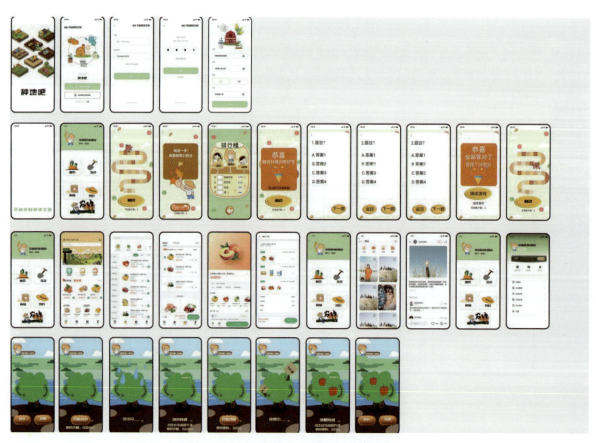

图 6.35　种地吧 APP 高保真原型设计图

学生：费颖轩、伍薇、殷嘉仪

第 7 章 产品迭代

7.1 产品迭代的定义
7.2 迭代设计的内涵
7.3 精益理论的内涵

7.1 产品迭代的定义

迭代的英语为 iteration，意为反复、重复。"迭代"一词源自数学概念"迭代计算"。迭代计算是指从一个初始估计出发，寻找一系列近似解，发现一定的问题求解区间，从而达到解决问题的目的。[1]

产品迭代是为了满足用户或客户的需求，对产品进行测试、反馈、修改、优化、升级的过程。产品迭代需要及时、快速、敏捷地发现问题，不断地进行演化，以适应市场需求，保证产品生命力。目前大部分科技公司在进行产品开发时，会采用迭代式产品设计方式。

7.2 迭代设计的内涵

迭代设计起源于 20 世纪 50 年代计算机软件研究领域。随着产品设计、交互设计、用户体验设计的发展，迭代设计的研究方法也逐渐进入设计学研究视域之中。在交互设计中，迭代设计就是为了满足用户需求，对原型不断地进行测试、反馈、验证、修改、完善的设计类型。

迭代设计是一种追求精益开发、敏捷反应、快速迭代的产品设计模式。它从制造业开始兴起，逐渐流行于移动互联网产业，成为对移动互联网数字产品进行开发的一种重要设计方法。传统的瀑布式开发模式，包括调研、规划、开发、测试、补漏、发行等环节。这种模式研发周期长，用户反馈慢，涉及部门多，产品迭代频次低。在高度不确定的复杂市场环境中，迭代设计相较于传统的瀑布式开发设计，能更好地适应激烈的市场竞争。

7.3 精益理论的内涵

迭代设计是基于产品迭代式开发模式的一种交互设计方法。迭代式开发模式源自精益创业理论。埃里克·莱斯在 2012 年出版的《精益创业》一书中提出了精益创业理论，即用最小的成本和最快的速度去试错。该理论秉承了精益思想，专注于在"开发—测量—认知"反馈循环中创造顾客价值和消除浪费，通过持续创新达到真正的创业成功，并强调"最小化产品""客户反馈"和"快速迭代"三种方法在创业实践中的应用。埃里克·莱斯的精益创业理论得到企业界的普遍好评，很多新创企业把精益创业理论作为创业和创新的指导原则。

埃里克·莱斯的精益创业理论，来自丰田汽车公司提出的精益生产理念。精益生产理念的核心就是减少浪费，实现订货生产。精益生产理念有别于福特式生产理念。福特式生产理念强调采用流水线生产、标准化生产、大规模生产，从而降低产品生产成本。这种生产方式前期投入大，生产环节多，对问题反馈慢，容易造成生产过剩。精益生产理念强调不断优化生产流程，及时发现问题、解决问题，从而减少生产浪费。埃里

---

[1] 黄艳，陶秋燕. 迭代创新：概念、特征与关键成功因素[J]. 技术经济，2015,34(10):24-28.

克·莱斯认为丰田汽车公司的精益生产理念适用于新创企业的发展处境。

精益创业的核心概念是最小可行产品,即用最小的成本、最少的资源、最快的速度,去开发一个简化、实用、可用的产品,通过快速迭代,不断地完善产品功能。简言之,就是小步快跑、快速迭代。

新创企业研发需要采用验证性学习方式,尽早地把原型产品投入市场,让用户反馈,以较小成本验证产品功能的有效性,避免大量资金和时间的浪费。此外,新创企业要能快速地发现产品的问题,寻找市场机遇,适时调整企业发展方向,避免闭门造车式的产品研发模式给自身带来损失,这样即使企业面临失败,也是"快速的失败、廉价的失败",而不是"昂贵的失败"。

● 案例:小春芽 APP 迭代设计

学生:杜冬雪、周诗曼、陈佳怡、马冠瑛。

小春芽 APP 迭代设计如图 7.1 至图 7.3 所示。

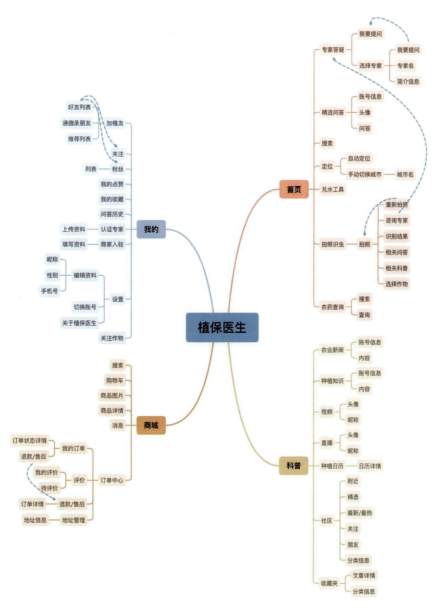

图 7.1　1.0 版本的产品信息结构图

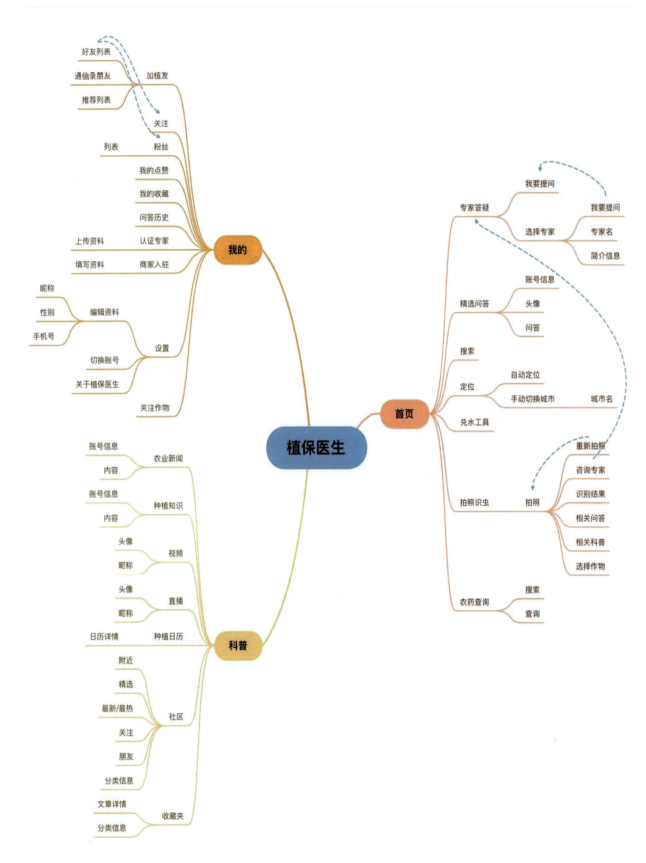

图 7.2　2.0 版本的产品信息结构图

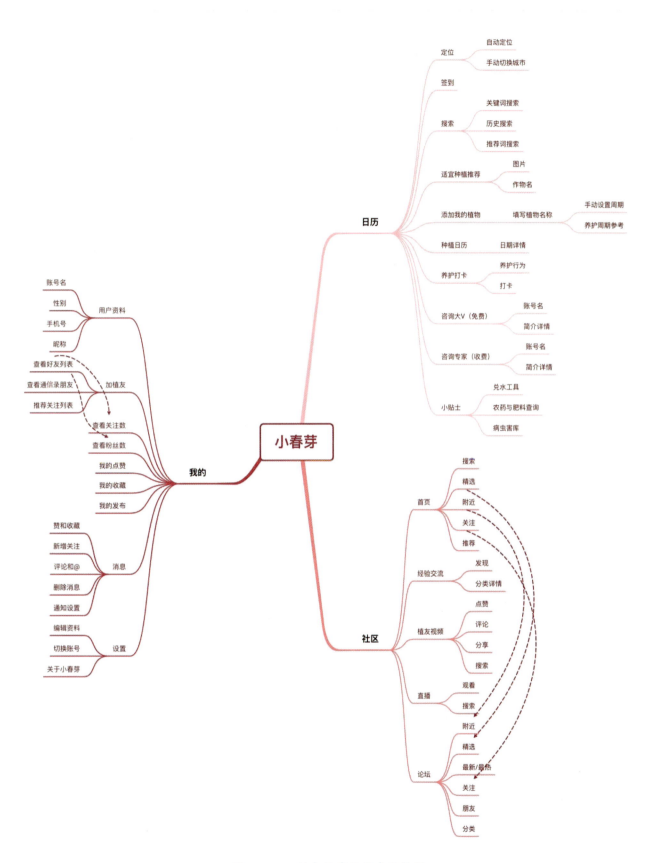

图 7.3　3.0 版本的产品信息结构图

第 8 章 案例展示

8.1 宠爱有家 APP 设计
8.2 归田 APP 设计

8.1 宠爱有家 APP 设计

宠爱有家 APP 高保真原型
学生：刘海琳、石一鑫、游佳怡、刘思宇

宠爱有家是一款集宠物家庭寄养、流浪动物救助和宠主社区于一体的多功能线上宠物服务 APP，由华中农业大学"宠爱有家"团队负责运作。该项目采用"互联网 + 宠物寄领养"新模式解决宠主寄养宠物的需求、流浪动物救助的收入来源、宠主之间的交流等问题，从而实现了项目的盈利，推动了公益事业的发展。

相关示图如图 8.1 至图 8.9 所示。

图 8.1　用户研究（一）

图 8.2　用户研究（二）

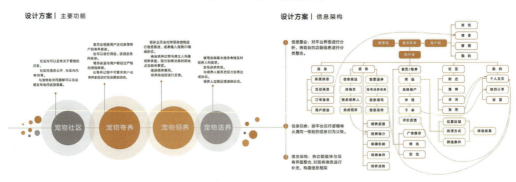

图 8.3　设计方案

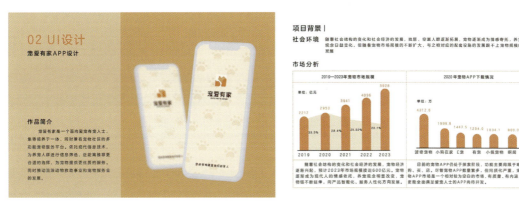

图 8.4　作品简介及项目背景

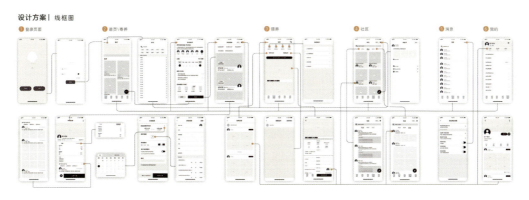

图 8.5　线框图

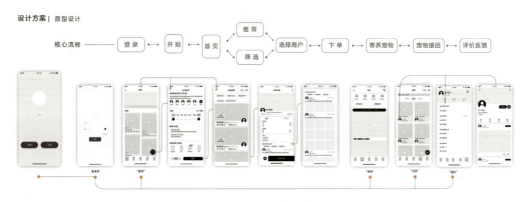

图 8.6　原型设计

图 8.7　视觉设计

图 8.8 寄养界面设计

图 8.9 界面设计

8.2 归田 APP 设计

归田 APP 高保真原型
学生：林怡欣、夏雨微、毛诺亚、燕萌

归田是一款以农耕文化为主题的诗词绘本 APP。产品主要受众是 4～6 岁的学龄期儿童,旨在对学龄期儿童进行早期的农耕文化教育与诗词启蒙。该产品通过用精美的插画为学龄期儿童展示一个个农耕故事,具备两大功能——学习与阅读,通过每日推送诗歌,让学龄期儿童接触多种多样的农耕诗词。产品有语音讲解功能,适用于学龄期儿童。学龄期儿童可以分享喜欢的诗歌,让更多的人感受农耕诗词之美。

相关示图如图 8.10 至图 8.15 所示。

图 8.10　产品概述与市场背景

用户画像 USER PORTRAIT

  父母

> 孩子的教育从生活入手，孩子的教育从幼儿抓起。

- 姓名：林梧桐
- 年龄：34岁
- 性别：男
- 学历：本科
- 所在地区：湖北武汉
- 职业：公司职员
- 爱好：种花、爬山、读书

使用目标：在教导孩子农耕文化的同时拉近和孩子的关系
情绪：工作压力大，与孩子交流少，焦虑
使用环境：在周末时陪伴孩子，用APP查找农耕文化绘本给孩子阅读，让孩子了解诗词中的农耕文化，认识从种子到果实的成长变化，在与孩子的陪伴中拉近亲子距离。
痛点：沉重的工作压力让他没有过多的时间关心家庭，因此缺少了对孩子的陪伴，这让他倍感焦虑，他从小在农村长大，但孩子从未体验过农村的活动，这让他倍感遗憾，需要一款和农耕文化有关并能让他陪伴孩子的APP

  儿童 3~6岁

> 我喜欢大自然，也喜欢摸摸大自然，听听大自然的声音！

- 姓名：夏苹果
- 年龄：4岁
- 性别：女
- 学历：幼儿园
- 所在地区：湖北武汉
- 职业：学生
- 爱好：花花、去公园玩

使用目标：阅读绘本
情绪：与父母交流少，缺少关爱
使用环境：睡觉前父母会让她看绘本哄她睡觉
痛点：诗词太难懂了，学习有困难，有些诗词好无趣

用户体验地图 USER EXPERIENCE MAP

	听绘本前			听绘本中		听绘本后		
阶段	了解APP	搜索诗词	打卡	听绘本	学习	收藏诗词	建立学习列表	获得勋章
目标	了解APP的功能和优缺点	查找需要的诗词	听绘本让植物成长	积累诗词	丰富诗词知识	记录喜欢的诗词，方便再次阅读	有计划地阅读	提升学习积极性
行为	比较同类产品咨询使用感受	浏览、搜索	选择喜欢的植物，开始听绘本	查看诗词详情	了解诗词作者、作品，学习译文	收藏诗词	将计划学习的诗词放入学习列表	完成七天打卡即可获得一枚对应勋章
触点	百度、应用市场、App Store等软件搜索诗词APP，并查看评价	发现界面搜索栏	打卡开始闯关提交	首页—选择分类—选择诗词—开始听绘本	作者/作品/拼音/译文/收藏/分享	收藏按钮	我的—收藏—学习列表	打卡—开始闯关—提交植物—开始阅读（七天）—获得勋章
情绪	哪款APP诗词更全面	诗词查找真方便 / 推送的诗词不感兴趣	打卡功能好有意思！/ 绘本画风好喜欢！		我又学习到了一首新的诗词		功能较全面耶 / 打卡成功了	耶！获得喜欢的勋章啦
痛点	不知道选择哪款最好	关键词搜索难度大	没有喜欢的植物	绘本画面不够吸引人	诗词解析不全面	收藏界面无引导	需要一个手动加入	勋章不能实体化，吸引力不够
机会点	加大宣传力度，提升知名度	升级搜索引擎，加强搜索灵敏度	增加植物选择，完善打卡过程	完善绘本，注重儿童体验感受	拓展解析，提供多样化服务	加入引导功能，完善APP功能	在收藏时可以选择加入不同列表	后期可加入勋章实体化功能

图 8.11 用户画像与用户体验地图

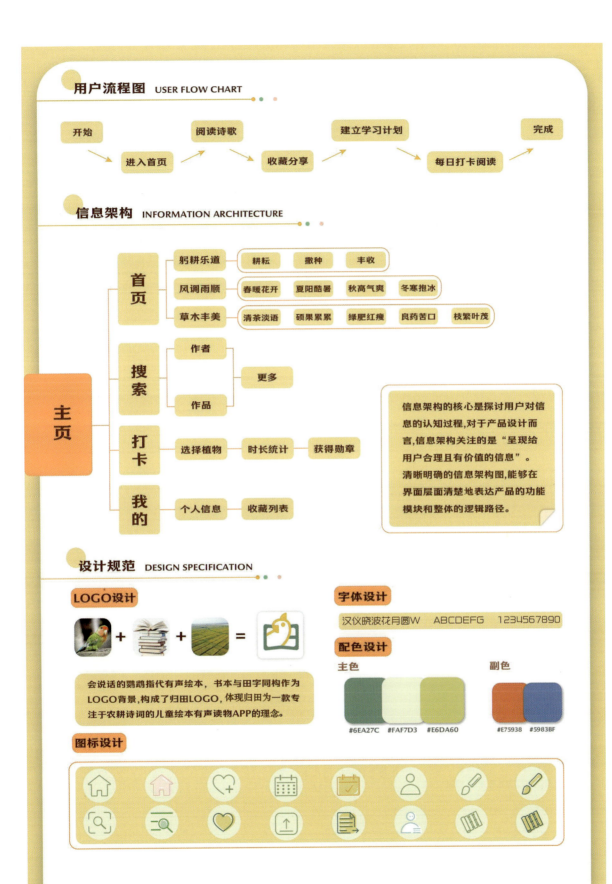

图 8.12　用户流程图、信息架构和设计规范

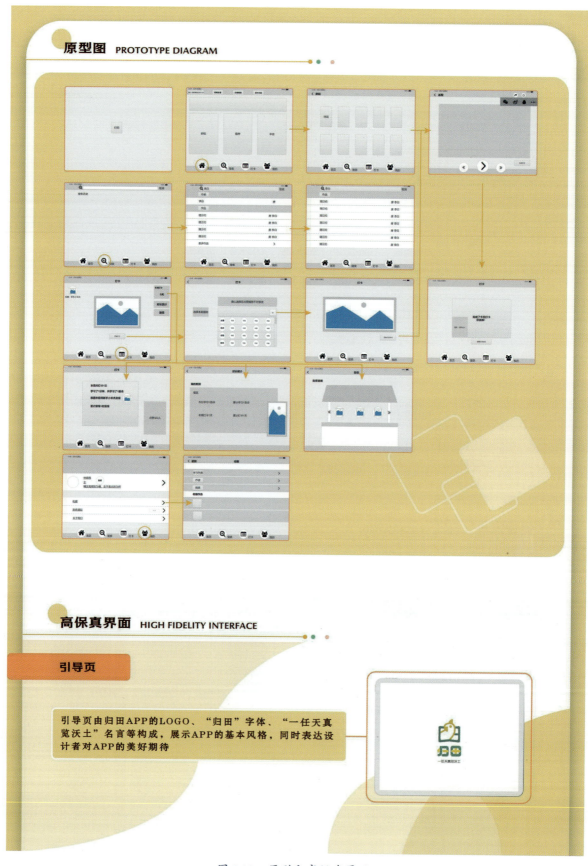

图 8.13 原型和高保真界面

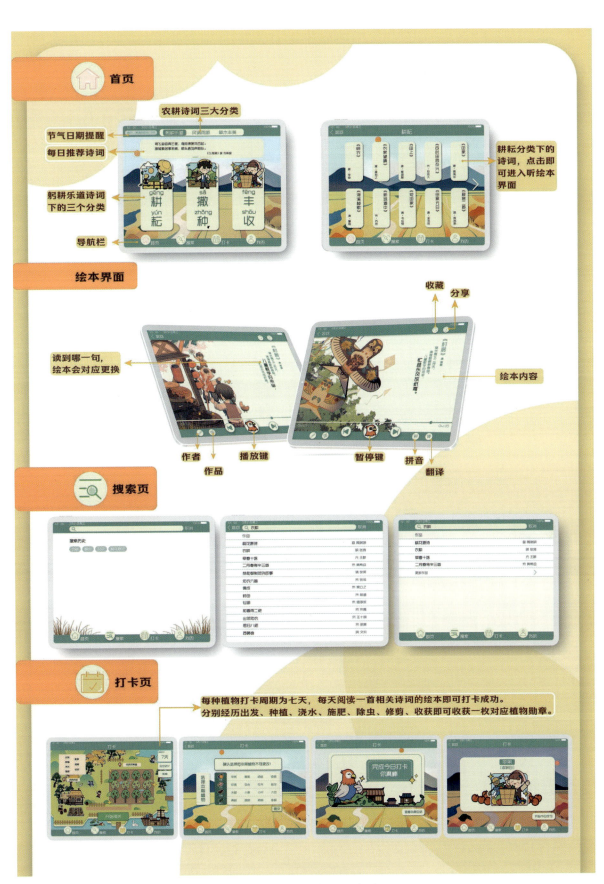

图 8.14　高保真界面(一)

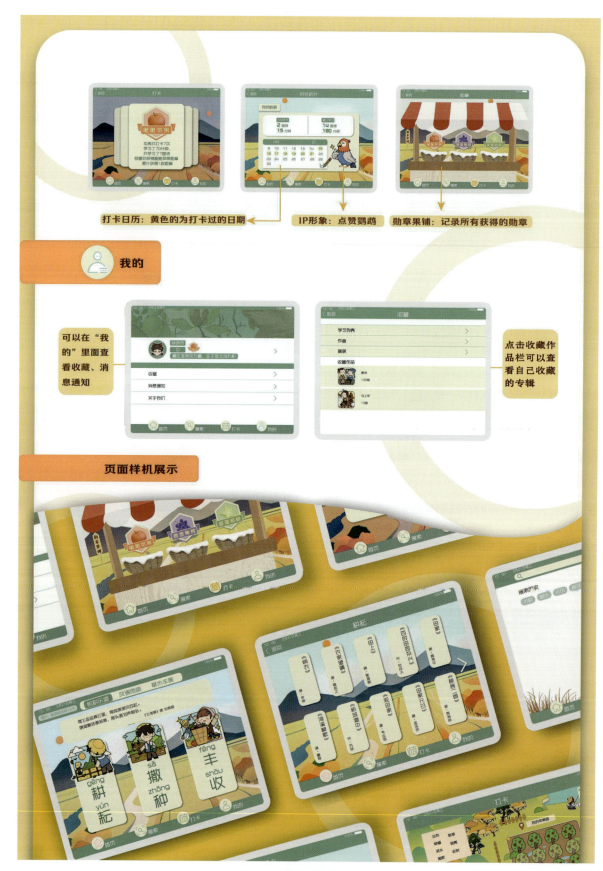

图 8.15　高保真界面(二)

参考文献 References

[1] 韦艳丽. 交互设计 [M]. 北京：电子工业出版社，2021.
[2] 辛向阳. 交互设计：从物理逻辑到行为逻辑 [J]. 装饰，2015（1）：58-62.
[3] 官春云. 农业概论 [M].2 版. 北京：中国农业出版社，2007.
[4] 吴琼. 用户体验设计之辨 [J]. 装饰，2018(10)：30-33.
[5] 丹·塞弗. 交互设计指南（原书第 2 版）[M]. 陈军亮，陈媛嫄，李敏，等译. 北京：机械工业出版社，2010.
[6] 郑凡，丁坤明，李欠男，等. 中国数字农业研究进展 [J]. 中南农业科技，2024,45(6)：237-242.
[7] 农业农村部信息中心.2022 全国智慧农业典型案例汇编 [M]. 北京：中国农业科学技术出版社，2022.
[8] 王跃新，李晨语. 创新思维：引领开拓创新的第一动力 [J]. 学术界，2022(8)：203-209.
[9] 张义生. 思维的分类与求解思维——兼论传统逻辑关于论证与推理的区分 [J]. 江苏社会科学，2004(3)：48-52.
[10] 盈莉. 吉列的创新之路 [J]. 金属世界，2000(4)：22.
[11] 杨育谋. 吉列剃须刀为什么能畅销世界 [J]. 沪港经济，2002(2)：32-33.
[12] 德尼·古特莱本. 传奇发明史——从火的使用到长生不死 [M]. 秦肖，译. 上海：华东师范大学出版社，2021.
[13] 赵阵. 探寻技术的本质与进化逻辑——布莱恩·阿瑟技术思想研究 [J]. 自然辩证法研究， 2015,31(10)：46-50.
[14] 姚威，韩旭，储昭卫. 创新之道——TRIZ 理论与实战精要 [M]. 北京：清华大学出版社，2019.
[15] 蒂姆·哈福德. 试错力 [M]. 冷迪，译. 杭州：浙江人民出版社，2018.
[16] 耿晓伟，郑全全. 经验回顾评价中峰 - 终定律的检验 [J]. 心理科学，2011,34(1)：225-229.
[17] 杰西·詹姆斯·加勒特. 用户体验要素：以用户为中心的产品设计（原书第 2 版）[M]. 范晓燕，译. 北京：机械工业出版社，2019.
[18] 黄梓暄. 暄言献策：交互设计师的用户体验策略 [M]. 北京：电子工业出版社，2024.
[19] 俞军，等. 俞军产品方法论 [M]. 北京：中信出版社，2020.
[20] 沃尔特·艾萨克森. 史蒂夫·乔布斯传 [M]. 管延圻，魏群，余倩，等译. 北京：中信出版社，2011.
[21] 希文. 马化腾内部讲话：最新版 [M]. 北京：中国致公出版社，2018.
[22] 陈冰冰. 国外需求分析研究述评 [J]. 外语教学与研究，2009,41(2)： 125-130.
[23] 周鸿祎. 极致产品 [M]. 北京：中信出版集团，2018.
[24] 亚伯拉罕·马斯洛. 动机与人格 [M]. 许金声，等译. 北京：中国人民大学出版社，2018.
[25] 艾伦·库伯，等.About Face 4：交互设计精髓 [M]. 倪卫国，刘松涛，薛菲，等译. 北京：电子工业出版社，2015.
[26] 周晓英. 信息构建（IA）——情报学研究的新热点 [J]. 情报资料工作，2002(5)：6-8.
[27] 黄艳，陶秋燕. 迭代创新：概念、特征与关键成功因素 [J]. 技术经济，2015,34(10)：24-28.